总主编　张 磊　李晓宁　赵 勇　许 新

农网配电营业工
技能等级认证（四、五级）基础实训
营销分册

主编　李晓宁　赵 勇

山东大学出版社
SHANDONG UNIVERSITY PRESS
·济南·

《农网配电营业工技能等级认证（四、五级）基础实训》编委会

目 录

第八章　直接接入式电能表安装及接线

电能计量装置是供电企业对电力客户用电量多少的度量衡器具，是电能交易结算或考核的依据。其能否准确计量关系到供电企业和客户的经济利益。电能表的正确接线是准确计量的前提，其安装及接线是计量人员必须掌握的一项基本技能。直接接入式电能表因不涉及电压互感器、电流互感器的接入，因此接线较为简单。本章以直接接入式电能表安装及接线基础知识和相关技能操作为核心，以期有效提升计量人员的技能水平。

一、培训目标

培训目标是采用专业理论学习和现场技能操作演练与训练相结合的方式，让学员了解直接接入式电能表安装及接线基础知识、操作步骤和工艺要求，熟练掌握直接接入式电能表安装操作要领、作业流程、布线方法、操作步骤及安全防护。

二、培训方式

在培训方式中，理论学习采取以自学为主、问题答疑为辅的方式；实操采取教练现场讲解、接线演示、模块化练习和学员自由练习的方式。在培训结束时，进行理论考试和实操考核，检验学员学习成果。

为提高学习效率、强化练习效果，将直接接入式电能表安装接线模块化讲解、针对性练习，裁线方法、弯线手法、距离测量走线方式等环节给学员进行着重讲解，将整个安装过程细化、分解，电能表接线、电压引线、布线接线分模块训练，教练讲解与学员感受相结合、讲与做相结合，摒弃盲目追求练习时间的错误方式，注重练习技巧和方法的掌握，进行分环节、活模式、开放性的指导和富有弹性的练习。运用分解步骤、模块化练习、教练与学员交流的方式，针对性训练找不足，交流方法长经验，固化模式提效率，从方法上要效果，从技巧上提质量。

三、培训设施

培训设施及所需工器具如表 8-1 所示。

表 8-1 培训工器具(按工位配备)

序号	名称	规格型号	单位	数量	备注
1	智能电能表	3×220/380V，3×10(100)A	只	1	现场准备
2	开关	三相四线漏电断路器	个	2	现场准备
3	单股铜芯线	BV4mm^2	盘	1	黄色
4	单股铜芯线	BV4mm^2	盘	1	绿色
5	单股铜芯线	BV4mm^2	盘	1	红色
6	单股铜芯线	BV4mm^2	盘	1	黑色
7	绑扎带	1×150mm	包	1	现场准备
8	万用表	—	只	1	现场准备
9	验电笔	500V	支	1	现场准备
10	铅封	—	个	若干	现场准备
11	急救箱	—	个	1	现场准备
12	装表接电常用工器具	—	套	1	现场准备

四、培训时间

理论基础知识 …………………………………………… 1.0学时
裁线、接线、布线常用方法 ……………………………… 1.0学时
操作讲解和示范 …………………………………………… 1.0学时
模块化技巧方法讲解 ……………………………………… 1.0学时
学员自由训练(模块化和综合练习) …………………… 4.0学时
实操考核 …………………………………………………… 2.0学时
合计:10.0学时。

五、基础知识点

(一)电能表

电能表是测量电能的专用仪表,是电能计量最基础的设备,广泛用于发电、供电和用电的各个环节。

1.电能表的发展

电能表的发展过程可以参见表8-2。

表8-2　电能表发展简表

时间	发明人	电能表的性质
1880年	爱迪生	直流电能表
1888年	费拉里斯	交流电能表
1889年	布勒泰	无电流铁芯的单磁通式的感应式电能表
1890年	—	带电流铁芯的多磁通式的感应式电能表
20世纪70年代	—	电子式电能表

2. 电能表的分类

电能表按使用的电路有直流电能表和交流电能表之分。交流电能表分为单相表、三相三线表、三相四线表。

电能表按结构和工作原理不同分为感应式电能表和电子式电能表。

电能表按用途分为有功电能表、无功电能表、最大需量电能表、复费率分时电能表、预付费电能表和多功能电能表。

电能表按准确度等级分为普通安装式电能表(0.2 级、0.5 级、1.0 级、2.0 级、3.0 级)、精密标准电能表(0.2 级、0.1 级、0.05 级、0.02 级、0.01 级)。

随着电能表技术的进步及现场计量的需要,智能电能表作为一种功能更为强大的电子式电能表,已经在国网公司所辖供电区得到了广泛应用。

3. 电能表的型号

型号及含义:电能表型号是用字母和数字的组合来表示的,内容如下:类型代号+组别代号+设计序号+派生号。

类型代号:电能表的代号为 D。

组别代号:如表 8-3 所示。

表 8-3　电能表型号及含义

代号	第一组别	第二组别	功能		信道
A	直流 A·h 计	数字化	—	—	—
C	—	—	—	—	CDMA
D	单相	—	多功能	—	—
F	直流 A·h 计	—	多费率	—	—
G	—	—	—	—	GPRS
H	三相	谐波	多用户	—	混合
J	直流(电能表)		防窃	—	微功率无线
L	—	长寿命	—	—	有线网络

续表

代号	第一组别	第二组别	功能		信道
N	—	—	—	—	以太网
P	—	—	—	—	公用电话线
Q	—	—	—	—	光纤
S	三相三线	静止	—	—	3G
T	三相四线	—	—	—	—
W	—	—	—	—	230MHz 专网
X	无功	—	最大需量	—	—
Y	—	—	费控(预付费)	预付费	音频
Z	—	智能	—	—	电力线载波

注:功能代号“Y”只有在第二组别的代号“Z”(智能)后时,其含义才为“费控”,在其他代号后时,其含义均为“预付费”。

设计序号:用阿拉伯数字表示。

派生号:T,湿热和干热两用;TH,湿热带用;G,高原用;H,一般用;F,化工防腐用;K,开关板式;J,带接收器的脉冲电能表。

示例如图 8-1 所示。

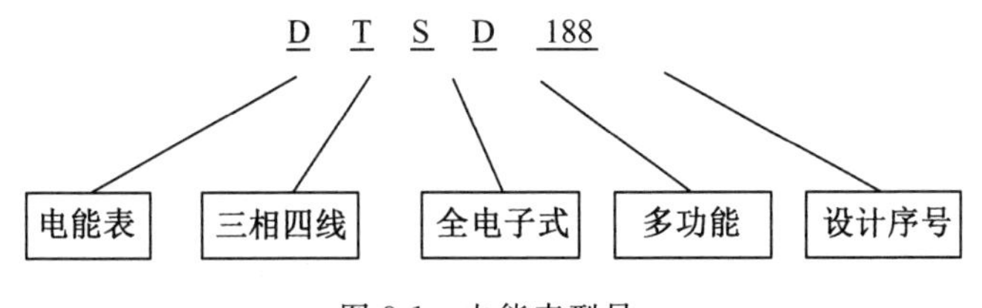

图 8-1　电能表型号

4. 电能表铭牌介绍

(1)准确度等级。以记入圆圈中的数字表示,如图 8-2 中的②就表示准确度等级为 2 级。

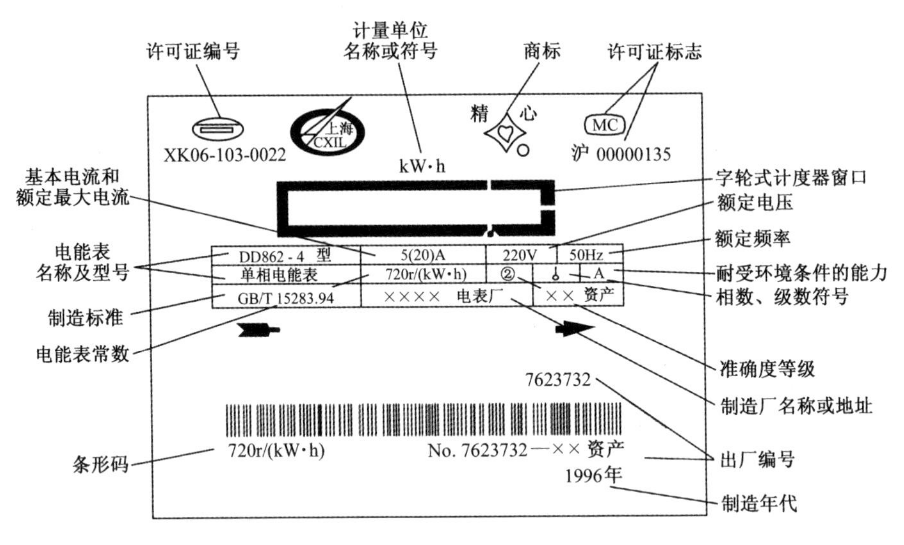

图 8-2　电能表铭牌

(2)计量单位名称或符号。有功电能表用 kW·h，无功电能表用 kvar·h。

(3)字轮式计度器的窗口。整数位和小数位用不同颜色区分。

(4)电能表规格如下：

参比电压：确定电能表有关特性的电压值，以 U_n 表示。单相电能表以电压元件接线端上的电压表示，如 220V；三相四线电能表以相数乘以相电压/线电压表示，如 3×220/380V；三相三线电能表以相数乘以线电压表示，如3×100V。

基本电流及额定最大电流：确定电能表有关特性的电流值，以 I_b (I_{max})表示。如 10(40)A，10A 是基本电流，40A 是额定最大电流，即指电能表长期正常工作而误差和温升又能满足准确度要求的最大电流。如果额定最大电流小于基本电流的 2 倍，则只标明基本电流。对于三相电能表还应在前面乘以相数，如 3×5(20)A。

电能表常数：电能表记录的电能和相应的转数或脉冲之间的关系，一般用 C 表示，如 3200imp/(kW·h)，表示电能表计量 1kW·h 电量时电子式电能表闪烁的脉冲数为 3200 次。

(二)电子式电能表

1. 电子式电能表的结构和工作原理

电子式电能表与普通感应式电能表相比,具有以下几个特点:

(1)功能强大,易拓展。一块电子式电能表可相当于几块感应式电能表,如一块功能全面的电子式多功能表,可相当于两块正向有功表、两块正向无功表、两块最大需量表、一块失压计时仪,并能实现分时计量、数据自动抄读等功能。同时,表计数量的减少有效降低了二次回路的压降,提高了整个计量装置的可靠性和准确性。

(2)准确度等级高且稳定。感应式电能表的准确度等级一般为0.5~3级,并且由于机械磨损,误差容易发生变化,而电子式电能表准确度等级一般为0.2~1级,并且误差稳定性好。

(3)启动电流小且误差曲线平整。感应式电能表要在0.3%I_b下才能启动并进行计量,而电子式电能表非常灵敏,在0.1%I_b下就能启动进行计量,且误差曲线好,在全负荷范围内误差几乎为一条直线,而感应式电能表的误差曲线变化较大,尤其在低负荷时。

(4)频率响应范围宽。感应式电能表的频率响应范围一般为45~55Hz,而电子式多功能表的频率响应范围为40~1000Hz。

(5)受外磁场影响小。感应式电能表是依靠电磁感应的原理进行计量的,因此外界磁场对表计的计量性能影响很大。而电子式电能表主要依靠乘法器进行运算,其计量性能受外磁场影响小。

(6)便于安装使用。感应式电能表的安装有严格的要求,若悬挂水平倾度偏差大,甚至明显倾斜,将造成电能计量不准。而电子式电能表采用的是静止式的计量方式,无机械旋转部件,因此不存在上述问题。

(7)过负荷能力大。感应式电能表是利用线圈进行工作的,为保证其计量准确度,一般只能过负荷4倍,而电子式电能表可达到6~10倍。

(8)防窃电能力更强。窃电是我国城乡用电中一个无法回避的现实问题,感应式电能表防窃电能力差,而新型的电子式电能表从基本原理上阻止了常见的窃电行为。

电子式电能表是在数字功率表的基础上发展起来的,采用乘法器实现对电功率的测量，其工作原理框图如图 8-3 所示。被测量的高电压 u、大电流 i 经电压变换器和电流变换器转换后送至模拟乘法器 M。模拟乘法器 M 完成电压和电流瞬时值相乘，输出一个与一段时间内的平均功率成正比的直流电压 U，然后再利用电压/频率转换器，将 U 转换成相应的脉冲频率 f，并将该频率分频，通过一段时间内计数器的计数，显示出相应的电能，另一路再由分频器分频输出供检定用。采用数字乘法器的电子式电能表其工作原理与模拟乘法器不同的是，采样电压和采样电流经数字乘法器 M 输出的是一个与功率成正比的数字量，这个数字量经 D/f 转换器转换成相应的脉冲频率信号。

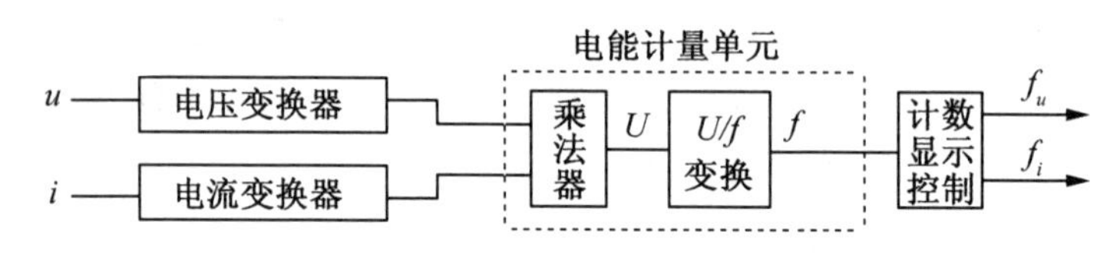

图 8-3　电子式电能表工作原理框图

电子式电能表按相数分为单相电能表、三相三线电能表、三相四线电能表；按功能分为预付费电能表、复费率电能表、基波电能表、载波电能表、多功能电能表、智能电能表等。电子式电能表基本上由电源单元、显示单元、电能测量单元、中央处理单元（单片机）、通信与输出单元等五个部分组成，各部分之间的连接关系如图 8-4 所示。

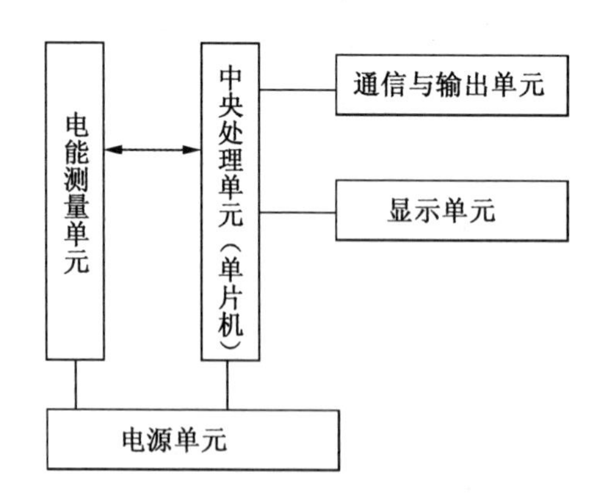

图 8-4　电子式电能表连接关系图

2. 电子式电能表的各部分

1)电能测量单元

电能测量单元将输入的电压与电流变换成与功率成一定比例关系的脉冲信号,送至分频和计数。电能测量单元的测量精度直接决定电能表的精度和准确度。

电压采样器和电流采样器构成了表计的输入级,它们与乘法器、U/f(D/f)转换器共同构成了电子式电能表的核心部分——电能测量单元。

(1)输入变换电路

电子式电能表有电压和电流输入电路。输入电路的作用:一方面是将被测信号按一定的比例转换成低电压、小电流输入乘法器;另一方面是使乘法器和电网隔离,减小干扰。

①电流输入变换电路

要测量几安培乃至几十安培的交流电流,必须要将其转变为等效的小信号交流电压(或电流),否则无法测量。直接接入式电子式电能表一般采用锰铜分流片;经互感器接入式电子式电能表内部一般采用二次侧互感器级联,以达到前级互感器二次侧不带强电的要求。

图 8-5 为锰铜分流器测量原理图。

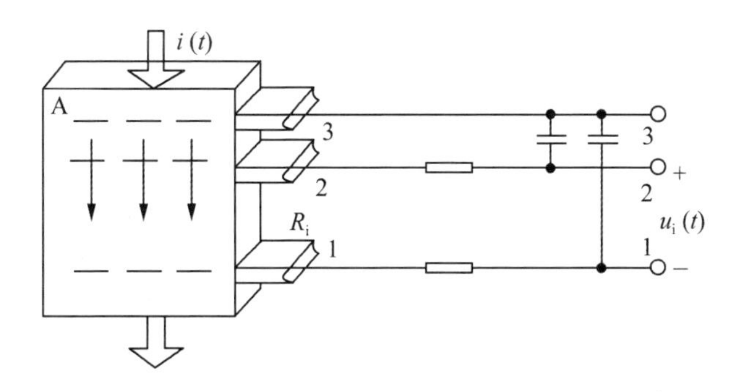

图 8-5　锰铜分流器测量原理图

图 8-6 为电流互感器测量原理图。

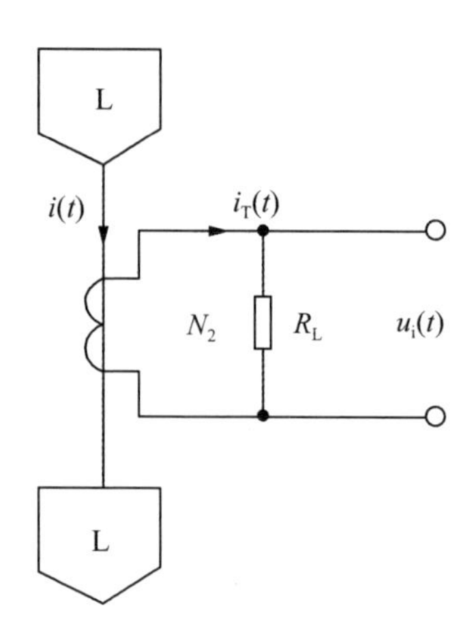

图 8-6 电流互感器测量原理图

②电压输入变换电路

和被测电流一样，上百伏（100V 或 220V）的被测电压也必须经分压器或电压互感器转变为等效的小电压信号，方可送入乘法器。电子式电能表内使用的分压器一般为电阻网络或电压互感器，其电路图分别如图 8-7 和图 8-8 所示。

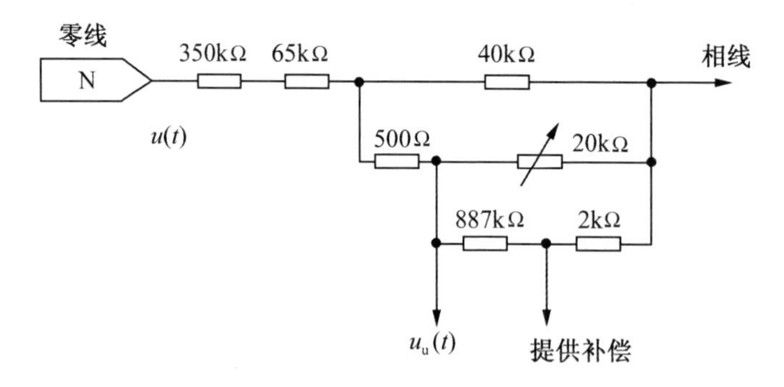

图 8-7 典型电阻网络电路图

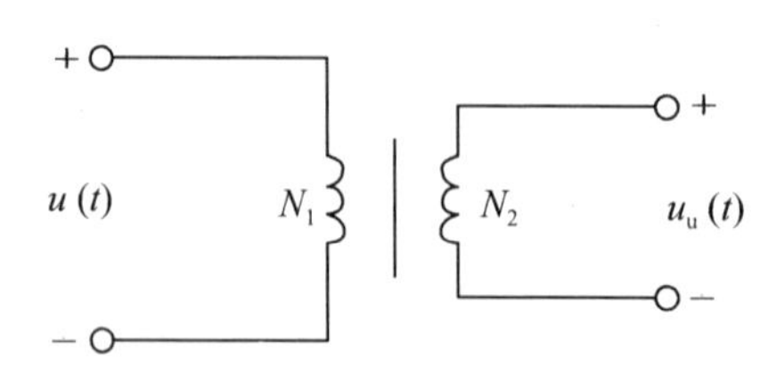

图 8-8 电压互感器电路原理图

(2)乘法器电路

乘法器是一种完成两个互不相关的模拟信号(如输入电能表内连续变化的电压和电流)进行相乘作用的电子电路,通常具有两个输入端和一个输出端,是一个三端网络,如图 8-9 所示。

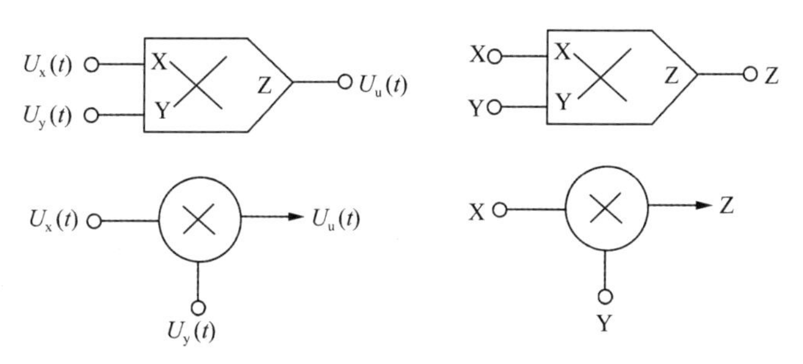

图 8-9　乘法器表示方式

乘法器通常又分为以下几种:

①时分割模拟乘法器

时分割模拟乘法器的工作过程实质上是一个对被测对象进行调宽调幅的工作过程。在提供的节拍信号周期 T 里,它对被测信号做脉冲调宽式处理,调制出一正负宽度 T_1、T_2 之差(时间量)与 U_x 成正比的不等宽方波脉冲,即

$$T_2 - T_1 = K_1 U_x \tag{8-1}$$

再以此脉冲宽度控制与同频的被测电压信号的正负极性持续时间进行调幅处理,最后将调宽调幅波经滤波器输出。输出电压 U_o 为每个周期 T 内电压 u 的平均值,它反映了两同频电压乘积的平均值,实现了两信号的相乘。输出的调宽调幅方波如图 8-10 所示。

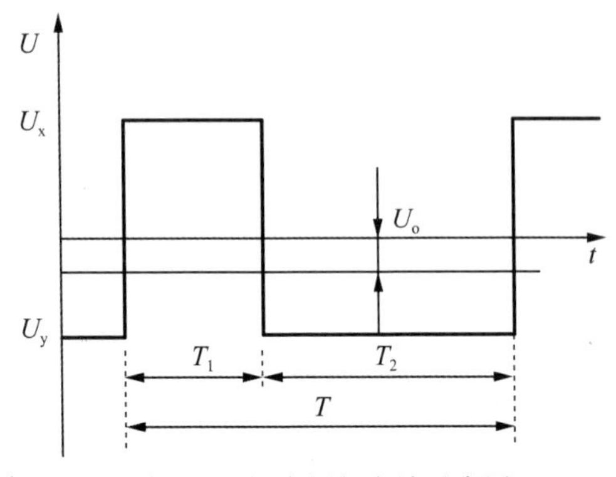

图 8-10 调宽调幅方波示意图

也有的时分割模拟乘法器对电流信号进行调宽调幅处理，输出的直流电流信号 I_o 表示电流乘积的平均值。前者称为电压平衡型时分割乘法器，后者称为电流平衡型时分割乘法器。

②数字乘法器

数字乘法器是将输入的模拟信号转换成数字信号后，再进行乘法运算的数字器件。其基本结构框图如图 8-11 所示。

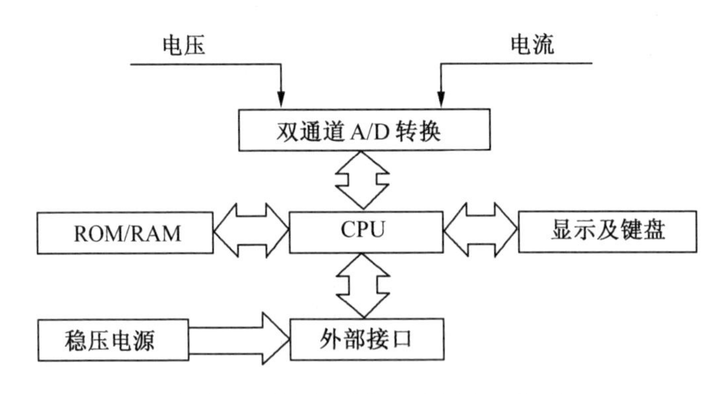

图 8-11 数字乘法器的电子式电能表

微处理器控制双通道 A/D 转换，同时对电压、电流进行采样，由微处理器完成相乘功能并累计电能。由计算机软件来完成乘法运算，可以在功率因数为 0～1 的全范围内保证电能表的测量准确度。微处理器在全电子式电能表中主要用于数据处理，而在其测量机构中的应用并不多。

使用微处理器技术制造全电子式电能表的前景十分被看好。数字乘法器的发展依赖于电路的集成和芯片价格的降低，而且其功能强大、性能优越，在电能管理领域中的应用越来越广泛。

③霍尔乘法器

在某些高端表中使用霍尔乘法器。霍尔效应（Hall Effect）是一种磁电效应。当电流垂直于外磁场方向通过导体时，在垂直于磁场和电流方向的导体的两个端面之间出现电势差的现象称为霍尔效应，该电势差称为霍尔电势差（霍尔电压）。它是美国物理学家霍尔于1879年研究载流导体在磁场中受力的性质时发现并率先公开发表出来的成果。用霍尔效应原理制作的乘法器称为霍尔乘法器。

(3)电压/频率转换器

目前，采用的电压/频率转换器大多利用积分方式实现转换。电子式电能表常用的双向积分式电压/频率转换器的原理电路如图8-12所示。

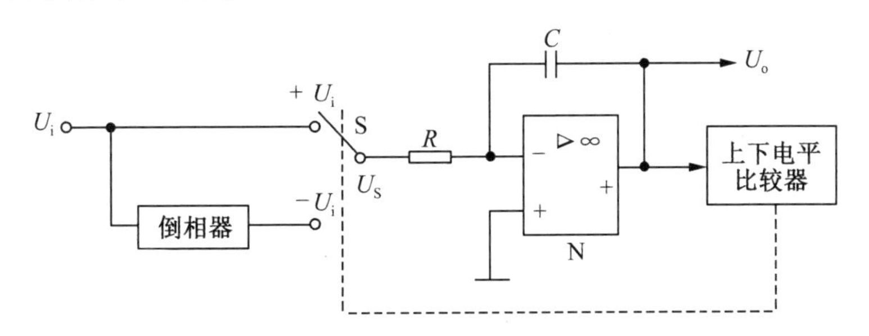

图8-12　双向积分式电压/频率转换器的原理电路图

输出电压U_o的频率为

$$f=\frac{1}{T}=\frac{1}{2RC(U_1-U_2)}U_i\propto U_i \tag{8-2}$$

在以数字乘法器构成的电子式电能表的电能测量单元中，数字频率转换器的作用是将数字乘法器输出的数字量变换成代表有功功率的频率脉冲信号，供单片机计数和分频输出检定用。

(4)分频计数器

在电子式电能表中，电能信号转化成相应脉冲信号的工作是由乘法器及电压/频率转换器完成的。脉冲信号在送入计数器计数之前，需要先送入分频器进行分频，以降低脉冲频率。这样做，一方面是为了便于取出电能计量单位的位数（如百分之一度位），另一方面是考虑计数器长期计数的容量问题。分频，是使输出信号的频率分为输入信号频率的整数分之一；计数，是对输入的频率信号累计脉冲个数。

2)显示单元

目前，常见的电子式电能表显示器件是液晶显示器(LCD)和机械计度器。机械计度器主要用在价格低、用电量少的单相电子式电能表中；液晶显示器为主要显示器种类，它凭借其独特的汉字显示和功耗率低的特点，在三相电子式电能表、多功能电能表以及智能电能表中得到了广泛使用。

3)通信与输出单元

通信与输出单元是电能表与外界进行信息交流的接口，用于电能表校验、数据通信等，如抄表、编程、控制等。常见的接口有 RS-485、RS-232、红外通信、电力线载波、射频通信、光纤、网络等。

4)中央处理单元(单片机)

单片机也称为微处理器，用来接收用电量信息、累计电能脉冲、按时段处理电能数据、控制显示器按要求显示和实现通信功能等。单片机一般都带有多个 I/O 口，内含一定字节的 ROM、RAM、EPROM、E2PROM 存储器，通常还含有实时时钟、通信口、“看门狗”电路等。

实时时钟可保证时段的正确与切换。实时时钟分硬时钟和软时钟两种。硬时钟不需要单片机干预就能产生秒、分、时、日、月、年等时间/日历数据，并能自动进行闰年补偿等。软时钟利用单片机内部或外部的定时中断，由软件程序对其计数，计算出实时时间。

通信口便于用户进行红外和集抄通信。

“看门狗”电路用来监测单片机程序的运行，一旦发现死机，便立即向单片机复位端发送复位信号，使其从死机状态中解脱出来，使程序恢复正常运行。

5)电源单元

电源单元为电能表的内部系统提供动力，以确保线路停电时单片机部分、通信部分能够正常工作，以及电能表内部的重要基础数据不丢失。

电源单元通常有工频电源、阻容电源、开关电源、电池、储能电容等。

(1)工频电源是最常见的供电方式。它的优点是结构简单、电气隔离好、传统可靠；缺点是体积大、不易解决掉相故障。图 8-13 为典型的工频电源电路图。

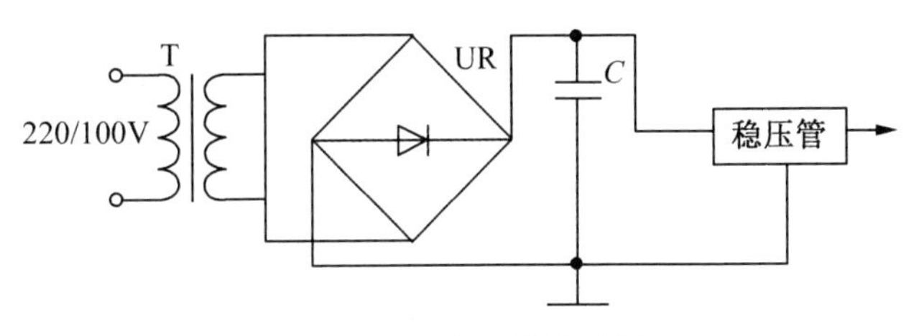

图 8-13　工频电源电路图

(2)阻容电源适合于液晶显示器等一些要求工作电流很小的场合。它的优点是结构简单,允许输入的电压动态范围宽;缺点是无电气隔离、电源效率低。图 8-14 为典型的阻容电源电路图。

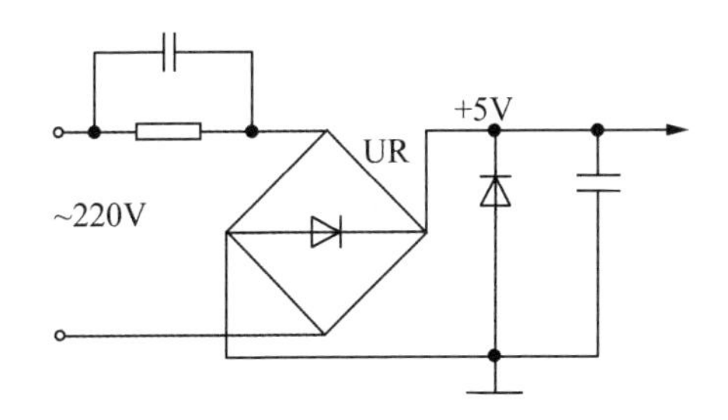

图 8-14　阻容电源电路图

(3)开关电源适用广泛。它的优点是效率高、体积小、输入电压动态范围宽;缺点是故障点多、可靠性不高。图 8-15 为典型的开关电源电路图。

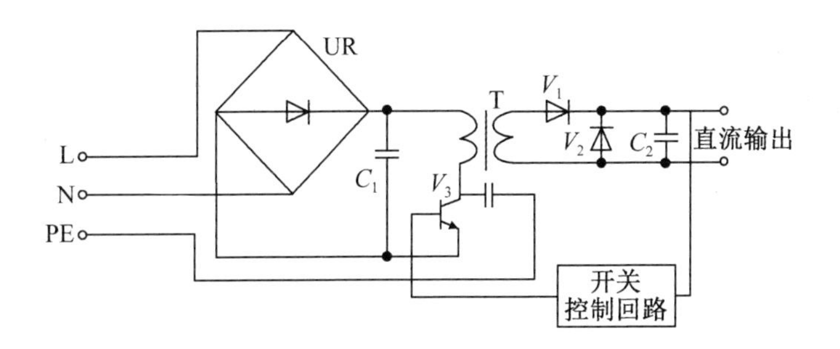

图 8-15　开关电源电路图

(4)电池和储能电容。电池和储能电容主要是在不需要提供较长时间备用电力的情况下使用,是普通电能表常用的后备电源。通常是根据电能表工作特点的需要，选择不同的电池和储能电容。

6)电能计量模块(芯片)

随着电力电子技术和集成电路技术的发展，从20世纪90年代出现了电能计量模块起，模块集成了乘法器、变换电路、接口电路、电源监测电路和相位调整电路等，只需配以少量的外围电路就可制成具有多种功能的电子式电能表，且准确度一般在1.0级内，因此得到广泛应用。

国内最初在20世纪90年代生产出0931系列测量芯片，其后又推出了BL0932系列的单相计量芯片，因具有价格低、外围电路简单、性能稳定等特点，在90年代中后期得到了很好的发展。1998年，美国ADI公司推出了最具代表性的AD7755系列芯片，因其高质量与良好的性能特点，得到了广泛应用。另外，其他国外厂家也推出了如SPM3-20、SA9604等计量芯片。

(三)多功能电能表

多功能电能表由测量单元和数据处理单元等组成，除计量有功(无功)电能外，还具有分时、测量需量两种以上功能，并能显示、储存和输出数据。根据多功能电能表的定义，目前市场上的多功能电能表品种很多。

多功能电能表的功能由基本功能和扩展功能两部分组成。多功能电能表在保证基本功能的同时，扩展功能并不是越多越好，功能多则可靠性要下降，因此够用即可。其主要功能如下：

(1)电能计量。计量正、反向有功(总、分时)电能，四象限无功(总、分时)电能，并储存其数据。四象限(或二象限)多功能电能表能完全实现对感性无功和容性无功的分别计量。四象限电子式电能表一般可用于既用电又发电的双方向客户的计量；二象限电子式电能表一般就用于普通的客户即三相电流单方向客户的计量。

☞注

当系统停电时，大型电机类设备内部正在运行的电动机由于惯性的作用不能立即停止运行，此时电动机就会变成“发电机”。此时，设备本身不用电，发出的电可能通过电能表向电源方向传送，从而引起“反向有功”。比如提升机或者起重机等设备突然停止时都会引起“反向有功”；电梯在下降过程中，电动机被拖着反转，电动机此时处于发电状态，此时发的电能就会通过电能表回馈到电网，存在“反向有功”。对于光伏入户用户，除自身用电外产生的多余电能可以向电网送电，送出的电量就是“反向有功”。

（2）最大需量。在指定的时间区间（一个月）内，测量正、反向有、无功最大需量、分时段最大需量及其出现的日期和时间，并储存其数据。要了解最大需量，首先要知道什么是需量，也要了解需量周期、滑差式需量、区间式需量等概念。需量是指在给定时间间隔内的平均功率。一般把给定时间间隔叫作窗口时间。我国规定15min为窗口时间，所以也可以说需量就是15min的平均率。需量周期是连续测量平均功率相等的时间间隔，也叫窗口时间。最大需量是在指定的时间区内需量的最大值。滑差式需量是从任意时刻起，按小于需量周期的时间依次递推测量需量的方法，递推时间叫滑差时间。区间式需量是从任意时刻起，按给定的需量周期依次递推测量需量的方法。我国一般将需量周期规定为15min，滑差时间（1min、3min、5min、15min）任选。滑差时间为15min称为区间式需量。电力部门所要求计量的是需量的最大值，即最大需量。捕捉最大需量的方法很多，可以在1～15min计算一次需量，2～16min再计算一次需量，用每推迟1min计算一次需量的办法捕捉最大值，把向后滑动推迟的时间称为滑差时间。目前，贸易结算的电能计量表除特别要求外，滑差时间一般设置为1min。

（3）费率和时段。具有日历、计时和闰年自动切换等功能，24h内具有可以任意编程的4种费率、12个时段。

（4）监控记录。具有断相判别、指示功能；具有失压判别、记录功能；具有失流判别、记录功能。

（5）瞬时量测量。测量当前各分相电流、电压有效值及当前电网频率。测量各分相及总的瞬时有功功率、无功功率和功率因数，并可通过RS-485和红外通信接口读取。

（6）多通信接口。具有RS-485通信接口、近红外和远红外通信接口，可同时通过 RS-485 接口、近红外接口和远红外接口进行通信，真正实现两方同时通信而互不干扰。

(7)电能冻结。具有数据冻结功能，可实现点电能冻结和即时电能冻结，并通过通信口抄录冻结数据。

(8)数据显示。实现数据轮显、键显和停显。数据显示的顺序和格式可任意设置，显示方式可以设置，即轮显、键显和停显。

(9)在保证基本功能的同时，电能表还可扩展许多功能，如负荷记录功能、停电唤醒功能、双继电器输出信号、多功能输出信号(秒脉冲、需量等检测信号)等。

(四)智能电能表

目前，国内智能电能表从结构上大致可分为机电一体式和全电子式两大类。机电一体式即在原机械式电能表上附加一定的部件，使其既完成所需功能又降低造价且易于安装。一般而言，其设计方案是在不破坏现行计量表原有物理结构、不改变其国家计量标准的基础上，加装传感装置变成在机械计度的同时亦有电脉冲输出的智能表，使电子记数与机械记数同步，其计量精度一般不低于机械计度式计量表。这种设计方案采用原有感应式表的成熟技术，多用于老表改造。全电子式则从计量到数据处理都采用以集成电路为核心的电子器件，从而取消了电表上长期使用的机械部件。与机电一体化电度表相比，它具有电表体积减小、可靠性增加、更加精确、耗电减少和生产工艺大大改善等优越性，最终会取代带有机械部件的计量表。

传统的电表可以分为单向机电式、单向电子式、多向机电式、多向电子式。

电度表作为电费收取的计量依据，涉及一个抄表问题，因此有必要从电度表的抄表方式进行分类。从现行技术来看，抄表主要有 IC 卡式、远传抄表式。单、三相智能电能表都是多功能意义上的电子式电能表，是在原来电能计量基础上重点扩展了信息存储及处理、实时监测、自动控制、信息交互等功能，目前得到了广泛应用。

1. 智能电能表的定义

智能电能表由测量单元、数据处理单元、通信单元等组成，具有电能量计量、信息存储及处理、实时监测、自动控制、信息交互等功能。

图 8-16 为单相远程费控智能表外观，图 8-17 为三相智能电能表外观。

单相远程费控智能电能表

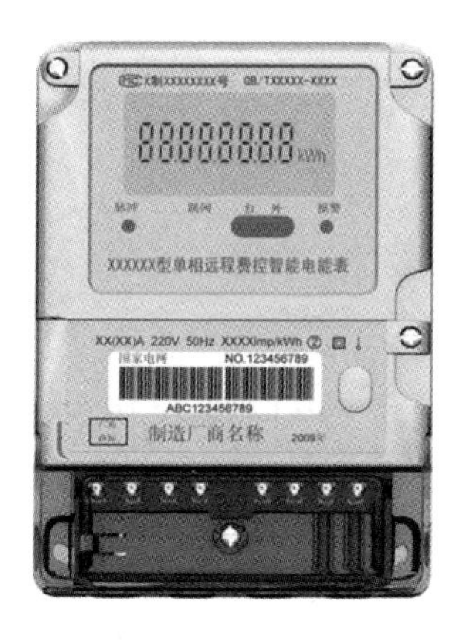

外型尺寸(160mm×112mm×58mm)

图 8-16　单相远程费控智能电能表

三相智能电能表
(0.2S、0.5S、1.0 级)

外形尺寸(265mm×170mm×75mm)

图 8-17　三相智能电能表

2. 智能电能表的特点

智能电能表主要有以下特点：

(1)统一规格尺寸，方便安装和自动检表。

(2)减少电流的规格等级，去掉了 3A、15A、30A 这样的规格。

(3)单相表全为费控表，费控分负荷有开关内置与外置两种。

(4)费控功能细分为远程费控、本地费控两种。本地费控是在电能表内进行电费实时计算，根据剩余金额自动进行负荷开关控制；远程费控是在远程售电系统完成电费计算，表内不存储、显示与电费、电价相关的信息，通过接收远程售电系统下发的拉闸、允许合闸命令进行负荷开关控制。

(5)脉冲常数参考智能电能表参数 I_{max}，而不是参考 I_b。

(6)所有智能电能表的功能都要求有电压、电流、功率、功率因数等常用监测参数。

(7)通信模块采用可插拔方式，不影响计量，方便升级更换，为技术改进提供了方便。

(8)统一的通信协议、通信接口，各厂家的掌机程序或通信软件可通用。

(9)增加了阶梯电价功能。阶梯电价针对阶梯电量而设定。所谓“阶梯电量”，是在一个约定的用电结算周期内，把用电量分为两段或多段，每一分段对应一个单位电价，单位电价在分段内保持不变，但是可随分段不同而变化。

3. 智能电能表的功能

1)IC 卡电表收费系统

IC 卡电表收费系统的成本较低、可靠性高、使用寿命长。IC 卡是用硅片(EEPROM)来存储信息的。一张 IC 卡至少可以使用 10 年。IC 卡电表收费系统具有很强的加密性，安全性高，不易仿制，收费准确，不易出错。采用 IC 卡电表收费系统可提高居民用电收费的管理水平，确保电力部门能及时收到电费(用户不继续买电，将被断电)。IC 卡表的系统功能包括预收费功能、报警功能、断电功能、显示功能和加密功能。

IC 卡表的整个收费系统包括主机、IC 卡电表和 IC 卡三部分。IC 卡电表收费系统实现了用电收费电子化，其技术成熟可靠，所以，IC 卡电表收费系统在我国得到了较大范围的推广。但是，从系统角度来看，由于用户终端与系统主机并没有直接联系，只有在用户持卡交费时才能了解到用户情况，信息反馈滞后，可以讲，用户终端仍然与整个网络脱节。从经济角度来看，电力部门先收费后送电不符合经济政策，可以说在一定程度上侵犯了用户的利益，所以现在有许多城市原则上已经不再审批新的 IC 卡表项目。从长远来看，IC 卡电表收费系统只能作为一种过渡性产品。

2)远程自动抄表系统

远程自动抄表系统实现用电数据的自动抄收，可杜绝人工操作的一切弊端。用户的用电数据可直接进入用电营业的计算机管理系统，用电管理人员可随时监视用电情况。发现问题(如故障、窃电等)可及时处理。线损情况直接影响着供电部门的经济效益，以前不管人工抄读还是 IC 卡表都无法准确计量线损情况，找到线损原因也很困难，而采用远程自动抄表后，几乎可以同时取得总表读数和分表总读数，随时掌握线损情况，并可较容易地分析出线损原因以便加以处理。随着社会的发展，居民在银行开设个人账户，营业计算机管理系统与银行联网，完成数据的自动抄收、处理、银行转账交费等全套操作，可真正实现用电管理的自动化。现在国内的远程自动抄表系统主要有485总线和载波抄表两种形式。载波抄表系统是利用专用芯片对用电数据进行调制解调，通过电力线进行通信以实现集中抄表。485总线方式的数据传输可靠性高、造价较低，缺点是需布线，安装较复杂，另外拉线易被人为破坏，特别是现在许多小区不允许拉明线，使这种总线方式难以施工。现在采用较多的方案是用户终端到数据集中器采用电力线载波通信，数据集中器到上位机采用专用电话线。当然，根据小区的不同情况，也有很多采取485总线与电力载波配合使用的方案。在1999年由中国计量协会电能计量分会主办的全国低压电力线载波抄表技术研讨会上，低压电力线载波抄表系统被国家电力公司列为推荐模式，被认为是一套技术先进、符合实际需要、极具开发潜力的系统。

4. 智能电能表的原理和优势

1)智能电能表的构成和原理

电子式智能电能表是在电子式电能表的基础上开发面世的高科技产品，它的构成、工作原理与传统的感应式电能表有着很大的差别。感应式电能表主要由铝盘、电流电压线圈、永磁铁等元件构成，其工作原理是通过电流线圈与可动铝盘中感应的涡流相互作用进行计量。而电子式智能电能表主要由电子元器件构成，其工作原理是先通过对用户供电电压和电流的实时采样，再采用专用的电能表集成电路，对采样电压和电流信号进行处理，并转换成与电能成正比的脉冲输出，最后通过单片机进行处理、控制，把脉冲显示为用电量并输出。

通常把智能电能表计量1kW·h时A/D转换器所发出的脉冲个数称为脉冲常数。对于智能电能表来说，这是一个比较重要的常数，因为A/D转换器在单位时间内所发出脉冲个数的多少，将直接决定着该表计量的准确度。目前，智能电能表大多都采用一户一个A/D转换器的设计原则，但也有些厂家生产的多用户集中式智能电能表采用多户共用一个A/D转换器，这样对电能的计量只能采用分时排队来进行，势必造成计量准确度的下降，所以在设计选型时应该注意这点。

2)智能电能表的优势

由于采用了电子集成电路的设计，再加上具有远程通信功能，可以与电脑联网并采用软件进行控制，因此与感应式电能表相比，智能电能表不管是在性能上还是在操作功能上都具有很大的优势。

(1)功耗：由于智能电能表采用电子元件设计方式，因此每块表的功耗一般仅有0.6～0.7W。对于多用户集中式的智能电能表，其平均到每户的功率则更小。而感应式电能表的功耗一般为1.7W左右。

(2)精度：就表的误差范围而言，2.0级电子式电能表在5%～400%标定电流范围内测量的误差为±2%，而且目前普遍应用的电能表的精确等级都为1.0级，误差更小。感应式电能表的误差范围则为－5.7%～0.86%，而且由于机械磨损这种无法克服的缺陷，导致感应式电能表越走越慢，误差越来越大。国家电网曾对感应式电能表进行抽查，结果发现50%以上的感应式电能表在使用了5年以后，其误差就超过了允许的范围。

(3)过载、工频范围：智能电能表的过载倍数一般能达到6～8倍，有较宽的量程。目前，8～10倍率的表正成为越来越多用户的选择，有的甚至可以达到20倍率的宽量程。工作频率也较宽，在40～1000Hz范围。而感应式电能表的过载倍数一般仅为4倍，且工作频率范围仅为45～55Hz。

(4)功能：智能电能表由于采用了电子表技术，可以通过相关的通信协议与计算机进行联网，通过编程软件实现对硬件的控制管理。因此，智能电能表不仅具有体积小的特点，还具有远程控制(远程抄表、远程断送电)、复费率、识别恶性负载、反窃电、预付费用电等功能，并且可以通过对控制软件中不同参数的修改，来满足对控制功能的不同要求，而这些功能对于传统的感应式电能表来说都是很难或不可能实现的。

3)智能电能表的发展方向

智能电能表的应用越来越广泛，对我们的生活也产生了越来越多的有利影响，在潜移默化中改变着我们的生活。

根据国家电网提出的总体规划，并总结我国10年来电网电能表的发展，我们可以得出结论：要实现电能表集中自动抄表，其前提是电能表需首先实现智能化，这样才能实现数据出户，以达到集中抄表的目的。目前，国内外常见的应用于集中抄表的电能表有以下几种形式。

(1)机电结合的电能表

第一类机电结合的电能表是在原有的机械电能表的基础上，加装电子式计数装置和相应的控制、通信电路，或加上IC卡读写接口以实现自动计量计费和控制。其基本结构是在原有机械电能表的转盘上打孔或涂(贴)上能吸收光线的材料，通过光电转换，将机械转盘的转动变换成电脉冲信号，再进行相应的计数处理。这类电能表由于计量原理没有改动，其计量精度和特性与机械电能表完全一样，而且成本相对较高，其优势在于能充分利用现已安装使用的大量机械电能表，且计量原理为大众所熟悉而容易接受。

另一类机电结合的电能表则是采用电子式计量电路在获得数字式脉冲信号后，通过微型电机驱动字码转轮得到电能计数值。这种结构是最简捷可行的电子式电能表的方案，但遗憾的是，其对计量电路的要求较高，即要求所有的表都按一个固定的比例将电能值转换为对应数量的数字脉冲，才能按正确的速度驱动微电机以转动字轮。这个比例就是所谓的“电表常数”[imp/(kW·h)]。由于电路中所用的、决定脉冲速度的定时元件大都是参数离散性较大的阻容元件，为了保证电能表的计量精度和产品的一致性，就必须在生产过程中加强对元件的筛选和半成品的调校，也就是说要增加相应的人力物力投入并延长生产周期，从而使电能表的生产费用和成本有所增加。另外，这种结构的电能表在数据收集和用户缴费方式上与老式的机械电能表没什么区别，应属淘汰产品。

(2)全电子式电能表

全电子式电能表则是当今国内最先进的一类电能表，其采用先进的单片机技术和专门设计的电能测量集成电路，具有计量精度高、可防止窃电、自身损耗低和可靠性高等特点。其中的一些型号还具有复式计费功能。由于此类电能表的用电量数据已经数字化，可以很方便地与各种数据收集传送电路配合组成自动计量计费系统，所以是现行家用电能表的换代产品。该类产品的大量使用将节省供电部门大量的抄表计算工作，并能及时回收电费（先付费后用电），具有巨大的经济效益和社会效益。

全电子式电能表系统组成如下：

①远传表具有脉冲输出的水表、电能表、气表、热表等计量表为远传表，其计量方式与传统表一样，不同的是在原基表上增加了脉冲输出功能，每个脉冲代表一定的计量值。采集器通过远传表脉冲输出端口采集脉冲。

②采集器能同时采集水表、电能表、气表、热表等输出的脉冲信息，并将这些脉冲信息转换成计量认可的物理量，存储在各采集器的存储器中，通过管理微机，可以查询系统中任意一户的耗能信息，并在管理微机的抄表等命令下将用户信息上传。

③转换器的主要任务为：完成与采集器的数据通信工作，向采集器下达电量数据冻结命令，定时循环接收采集器的电量数据，或根据系统要求接收某个电能表或某组电能表的数据。根据系统要求完成与主站的通信，将用户用电数据等主站需要的信息传送到主站数据库中。通信信道下行通道指的是转换器与采集器之间的通信线路，主要有总线抄表系统、载波抄表系统和红外抄表系统等三种方式。通信信道上行通道指的是转换器与主站之间的通信线路，可以采用电话线、无线、专线等通信介质。

④系统管理软件以通信为基础，以数据库为核心，提供数据处理、查询、统计、报表、备份等功能；采用面向对象和模块化相结合的方法，灵活支持不同客户的要求，如特殊格式报表、权限控制等；持客户原有的管理系统，可与其他管理软件接口，提供数据接口和通信接口，具有网络通信功能；可同时管理多个小区，对各小区设置通信参数；电能表管理，设置电能表的原始参数、地址及其状态；费率管理，可任意设置多种费率，设置各能源的单价；用户管理，管理和控制每户的用量，管理用户的结算方式；实时抄表功能，可抄取各能源表的实时数据；费用自动计算，实现将公共能源损耗平均分摊或按比例分摊到每户，并根据查表数据和单价自动计算每户应交费用，以便向用户收费；打印功能，打印各用户费用清单；查询功能，可随时查询任一户、任一单元全部住户及整个小区内所有住户的耗能

信息。

4)智能电能表的抄表方式

(1)总线制集中抄表

电能表部分采用智能电能表,各户智能电能表信号线并联在一根总线上,总线连接到楼下转接器,各楼转接器与小区的集中器相连,由集中器集中供电。

(2)电力载波抄表

电力载波抄表系统是直接利用现有低压输电线路进行数据传输的集中抄表系统,省去了铺线工程,优势明显。该系统是集微电子技术、通信技术和计算机技术于一体的高新产品,具有高可靠且安装简单等显著特点,广泛适用于城市及农村的电能表、气表,具有抄收、计费和监控等功能。但由于电力线是给用电设备传送电能的,而不是用来传送数据的,所以电力线对数据传输有许多限制。

①配电变压器对电力载波信号有阻隔作用,所以电力载波信号只能在一个配电变压器区域范围内传送。

②不同信号耦合方式造成的电力载波信号损失不同。

③电力线存在本身固有的脉冲干扰。另外,电力线上的高削减、高噪声、高变形,使电力线成为一个不理想的通信媒介,但由于现代通信技术的发展,使电力线载波通信成为可能,其中数据信号的信噪比决定传输距离的远近。电力线载波通信的关键就是选用一个功能强大的电力线载波专用 Modem 芯片。

(3)无线抄表

无线抄表是利用空间的无线信道实现数据传送的,这样的抄表方式毋庸置疑是最为简单、方便的抄表模式,但无线数据传输存在着在建筑物对无线电信号的反射、吸收等作用下信号传输不稳定的问题。另外,表具安装位置、空间抗扰等也对其稳定工作有较大影响,同时无线电能表产品自身也存在功耗等问题,因此,该模式在理论上虽然都很好,但还未真正大面积推广应用。

(五)电能表的接线

1. 单相电路有功电能的测量

单相电能表的原理接线图及相量图如图 8-18 所示。图中⊕代表一测量元件,内部横向粗实线代表电流线圈,纵向细实线代表电压线圈。“·”为同名端,当负载电流 I 和流经电压线圈的电流 I_U 都由标有同名端标志的一端流入相应的线圈时,电能表才能正确计量电能。在正弦交流电路中,单相电能表测得的有功功率 P 的表达式为

$$P=UI\cos(\dot{U}\wedge\dot{I})=UI\cos\varphi \tag{8-3}$$

式中:U——相电压(V 或 kV);

I——相电流(A);

$\cos\varphi$——功率因数,其中 φ 为电压与电流之间的相位差。

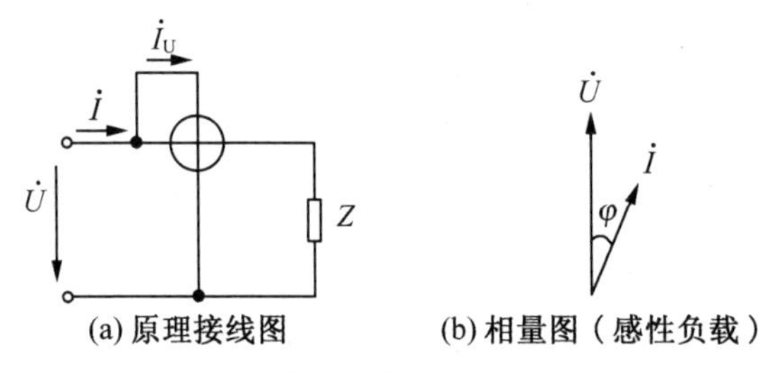

图 8-18　单相电路有功电能的测量

2. 单相有功电能表的接线

国产直接接入式电能表应按单进双出方法接线,即单数接线柱(1、3 进)接电源,偶数接线柱(2、4 出)接负载,第一接线柱接相线(火线),第三接线柱接零线。单相电能表实际接线图如图 8-19 所示。

电能表的电流线圈必须与电源相线串联,电压线圈应跨接在电源端的相线与零线之间。在安装使用中,单相电能表的电压线圈与电流线圈通过电能表端钮盒中的连接片即电压搭勾连在一起。

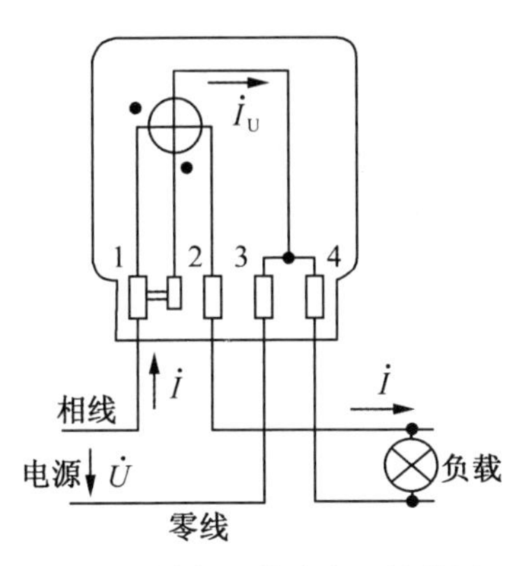

图 8-19　单相电能表实际接线图

3. 三相四线制电路有功电能的测量

三相四线电路可看成是由三个单相电路构成的，因此，可用一块三相四线有功电能表(即三个驱动元件)或三块相同规格的单相电能表来测量三相四线电路有功电能，原理接线图如图 8-20 所示。

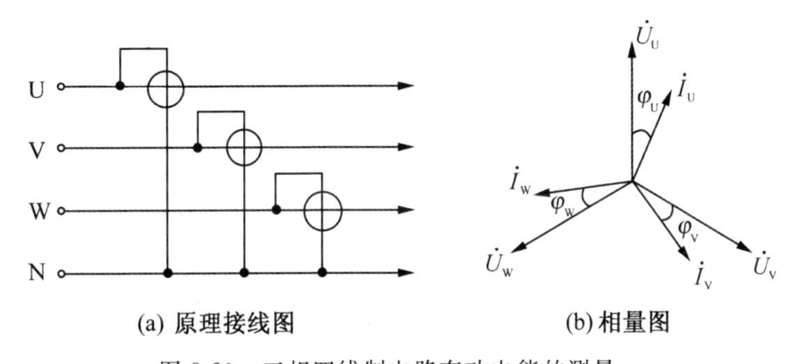

图 8-20　三相四线制电路有功电能的测量

其平均功率 P 等于各相有功功率之和，即

$$
\begin{aligned}
P &= P_U + P_V + P_W \\
&= U_U I_U \cos(\dot{U}_U \wedge \dot{I}_U) + U_V I_V \cos(\dot{U}_V \wedge \dot{I}_V) \\
&\quad + U_W I_W \cos(\dot{U}_W \wedge \dot{I}_W) \\
&= U_U I_U \cos\varphi_U + U_V I_V \cos\varphi_V + U_W I_W \cos\varphi_W
\end{aligned} \tag{8-4}
$$

式中：U_U、U_V、U_W——三相电压(V 或 kV)；

I_U、I_V、I_W——三相电流(A)；

φ_U、φ_V、φ_W——各相电压与各相电流之间的相位角。

无论三相电路是否对称，上述公式均可成立。

当三相电路完全对称时，即

$U_U=U_V=U_W=U_P, I_U=I_V=I_W=I, \varphi_U=\varphi_V=\varphi_W=\varphi$

三相四线有功电能表测得的总功率为

$$\begin{aligned} P &= P_U+P_V+P_W \\ &= U_U I_U \cos\varphi_U + U_V I_V \cos\varphi_V + U_W I_W \cos\varphi_W \\ &= 3U_P I \cos\varphi \end{aligned} \tag{8-5}$$

式中：U_P——相电压（V 或 kV）；

I——相电流（A）；

φ——相电压与相电流之间的相位角，即功率因数角。

4. 三相四线电能表的接线

根据《电能计量装置技术管理规程》（DL/T 448—2000）规定，接入非中性点绝缘系统的电能计量装置，应采用三相四线有功、无功电能表。三相四线电能表的实际接线图如图 8-21 所示。

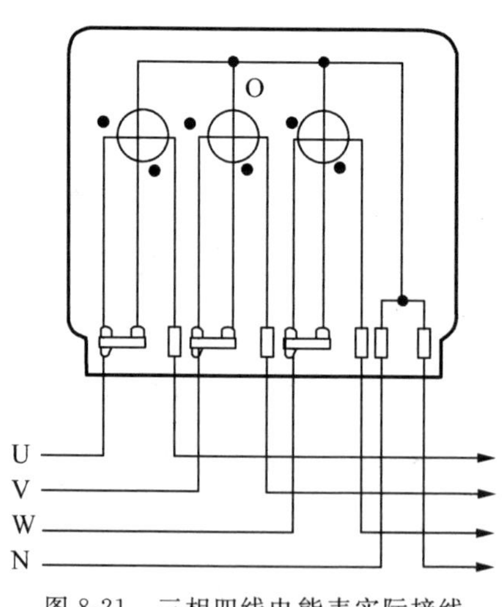

图 8-21 三相四线电能表实际接线

在低压三相电路中，各相负载电流大于 50A 时，为避免电流接线端子因过热而烧损，电流线路应经过电流互感器（TA）串接在电力线路中。三相四线电能表经电流互感器接线原理图如图 8-22 所示。

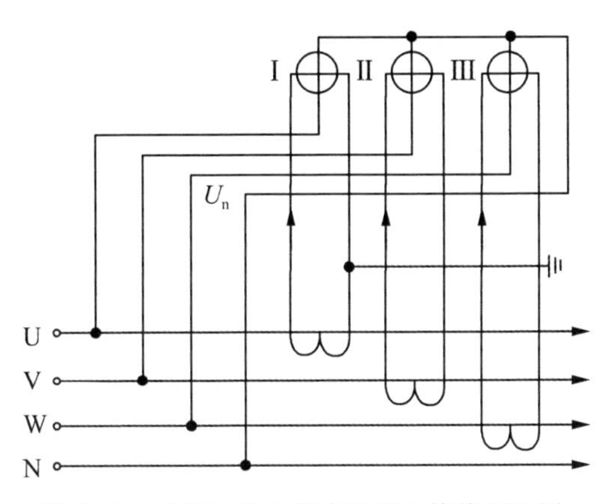

图 8-22　三相四线电能表经 TA 接线原理图

电能计量装置的接线方式由电力系统中性点的接地方式决定。无论电力系统中性点直接接地还是经补偿设备接地，当三相系统不平衡时，中性点都会流过不平衡电流，所以对此类接地系统都应采用三相四线接线方式。

在高压电网内，不管负载电流是否超过 50A，电能表都必须经过电压互感器(TV)、电流互感器接入电网。三相四线电能表经电压互感器、电流互感器接线原理图如图 8-23 所示。

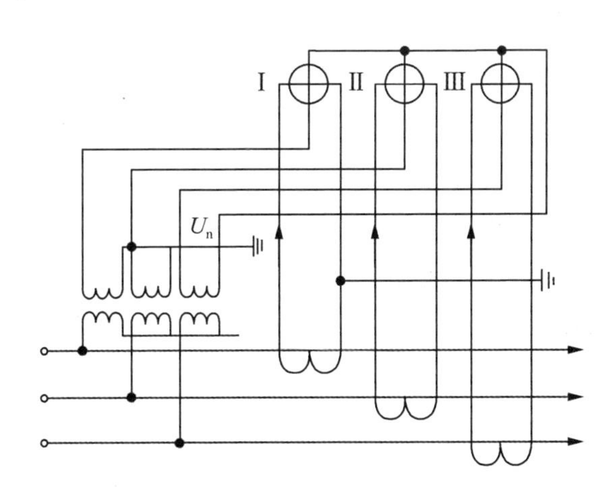

图 8-23　三相四线电能表经 TV、TA 接线原理图

5. 三相三线电能表的正确接线

图 8-24 为三相三线制电路有功电能的接线图及相量图。

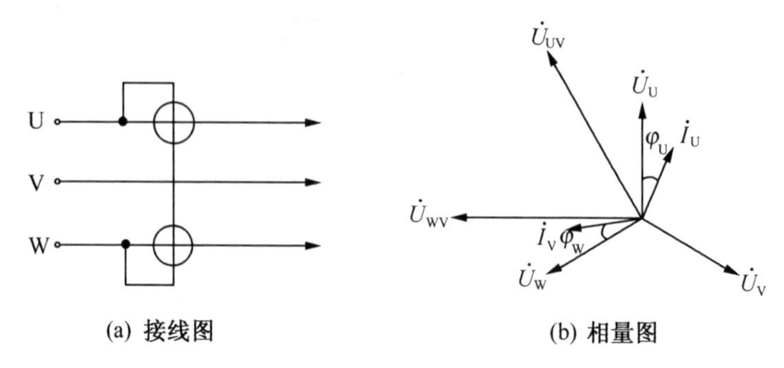

(a) 接线图　　(b) 相量图

图 8-24　三相三线有功电能表的接线图和相量图

三相三线有功电能表采用两组测量元件测量三相电能。第一组测量元件接入的电压为 U 相与 V 相之间的线电压 U_{UV}，接入电流为 I_U；第二组测量元件接入的电压为 W 相与 V 相之间的线电压 U_{WV}，接入电流为 I_W。即在正确接线方式下，电能表接入方式为第一组测量元件[$\dot{U}_{UV}$，$\dot{I}_U$]、第二组测量元件[$\dot{U}_{WV}$，$\dot{I}_W$]。

第一组测量元件的有功功率为

$$P_1 = U_{UV} I_U \cos(\dot{U}_{UV} \wedge \dot{I}_U) = U_{UV} I_U \cos(30° + \varphi_U) \tag{8-6}$$

第二组测量元件的有功功率为

$$P_2 = U_{WV} I_W \cos(\dot{U}_{WV} \wedge \dot{I}_W) = U_{WV} I_W \cos(30° - \varphi_W) \tag{8-7}$$

所以，三相三线有功电能表的有功总功率为

$$P = P_1 + P_2 = U_{UV} I_U \cos(30° + \varphi_U) + U_{WV} I_W \cos(30° - \varphi_W) \tag{8-8}$$

当三相电压和三相负载对称时，$U_{UV} = U_{WV} = U$，$I_U = I_W = I$，$\varphi_U = \varphi_W = \varphi$，则三相电路的有功总功率为

$$\begin{aligned}
P &= P_1 + P_2 \\
&= U_{UV} + I_U \cos(30° + \varphi_U) + U_{WV} I_W \cos(30° - \varphi_W) \\
&= UI[\cos(30° + \varphi) + \cos(30° - \varphi)] \\
&= UI(\cos30°\cos\varphi - \sin30°\sin\varphi + \cos30°\cos\varphi + \sin30°\sin\varphi) \\
&= 2UI\cos30°\cos\varphi \\
&= \sqrt{3}UI\cos\varphi
\end{aligned} \tag{8-9}$$

同理，三相电路的无功总功率为

$$
\begin{aligned}
Q &= Q_1 + Q_2 \\
&= U_{UV} I_U \sin(30^\circ + \varphi_U) + U_{WV} I_W \sin(30^\circ + \varphi_W) \\
&= UI[\sin(30^\circ + \varphi) - \sin(30^\circ - \varphi)] \\
&= UI(\sin 30^\circ \cos\varphi + \cos 30^\circ \sin\varphi - \sin 30^\circ \cos\varphi + \cos 30^\circ \sin\varphi) \\
&= 2UI \cos 30^\circ \sin\varphi \\
&= \sqrt{3} \sin\varphi
\end{aligned}
\tag{8-10}
$$

可见，三相三线电能表能实现三相电能的正确计量。对于中性点绝缘系统，任何情况下中性点都不会流过不平衡电流，采用三相三线计量方式不会产生计量附加误差。所以，接入中性点非有效接地电网的电能计量装置宜采用三相三线接线方式。三相三线电能表经电压互感器、电流互感器接线时，为节省一台电压互感器，一般将 TV 接成 V/v 接线。其原理图如图 8-25 所示。

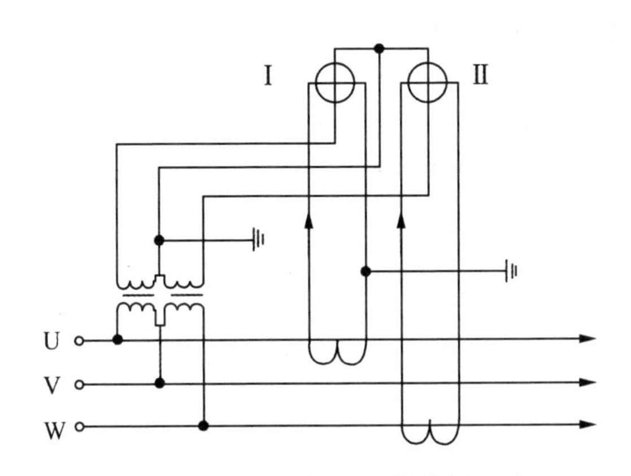

图 8-25　电压互感器 Vv 接线原理图

三相三线电能表实际接线图如图 8-26 所示。

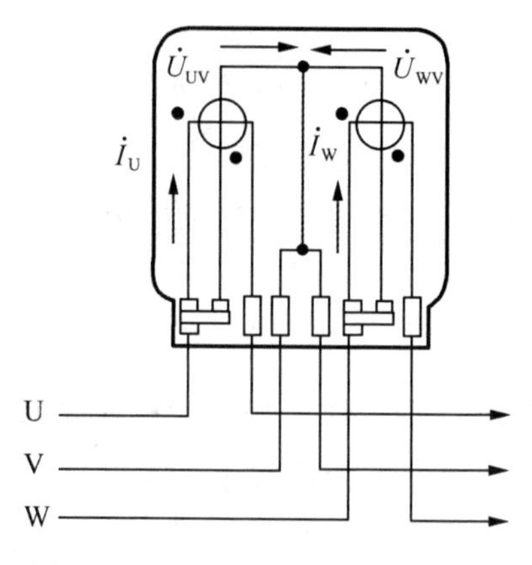

图 8-26　三相三线电能表实际接线图

在 10～60kV 变电站中，为了便于计量、保护和绝缘监测，电压互感器通常采用三相五柱式或三个单相式 TV 接成 Yy 开口三角形接线。此时，三相三线电能表接在 Yy 接线侧。图 8-27 所示线路中采用的是一台三相或三台单相电压互感器的 Yy 形接线原理图。

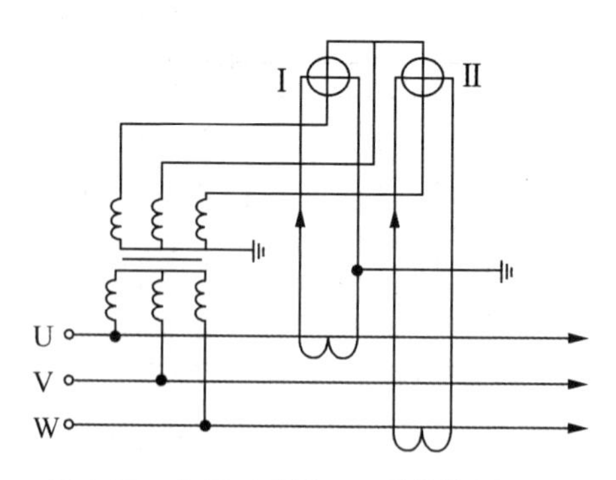

图 8-27　电压互感器 Yy 形接线原理图

(六)试验接线盒

试验接线盒在电力行业的应用十分广泛，利用它能够将仪表或仪器接入运行的二次回路中，完成多种不同项目的测试或检验。在电能计量方面，试验接线盒主要应用于计量装置误差及接线状况的在线测量，进行用电检查、带负荷更换电能表等。

1. 试验接线盒的结构

试验接线盒结构如图 8-28、图 8-29 所示，共由 7 组端子组成。其中电流端子 3 组，每组上下各有 3 个接线孔，上下对应的一对孔为 1 个金属导体的两端，共有 3 个金属导体竖直排列，左右之间是断开的，金属导体之间的导通和断开通过试验接线盒正面的连片实现；电压端子 4 组，每组上方是 1 个金属导体并有 3 个接线孔，下方是 1 个金属导体并有 1 个接线孔，上下之间是断开的，金属导体之间的导通和断开通过试验接线盒正面的连片实现。一组电压端钮和一组电流端钮组成一个单元，分别对应 U 相、V 相和 W 相。最后的一组端钮接入接出的是零线。

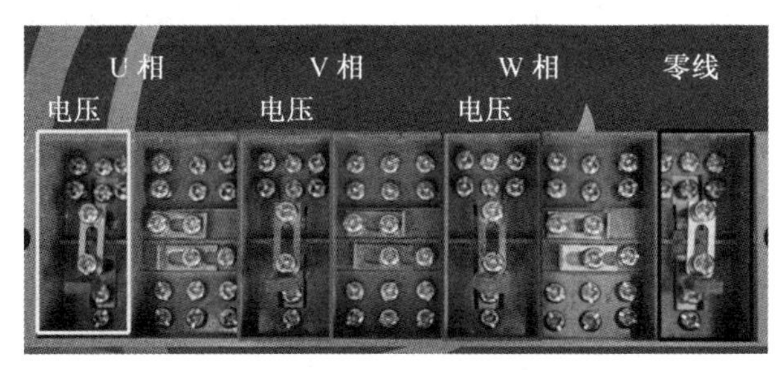

图 8-28　试验接线盒(正面)

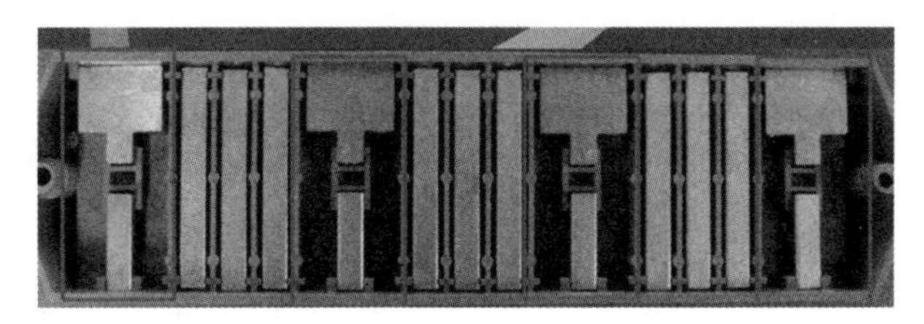

图 8-29　试验接线盒(背面)

2. 试验接线盒的适用范围

试验接线盒适用于用电负荷较大，需要对计量装置进行定期现场检验和定期轮换(更换)检定电能表来保证其准确运行的计费用户。根据《电能计量装置技术管理规程》(DL/T 448—2000)的要求：分五类管理的计量装置中的四类(包括新装、改装或重接二次回路的)，在接电后一个月之内进行一次现场检验；其中的三类规定了现场检验周期；电能表的轮换周期也作了明确的规定。因此，四类计量装置的二次回路中必须配套安装试验接线盒，为计量装置的现场检验、用电检查及更换电能表提供必要条件。

3. 试验接线盒的安装与接线

根据有关规定要求，试验接线盒应安装在电能计量柜（包括计量盘、电能表屏）的内部，安装尺寸没有具体规定，一般安装在电能表位置的正下方，与电能表底部的距离为100～200mm，以方便电能表及试验接线盒的二次接线和不影响现场检测或用电检查时的安全操作为原则。因试验接线盒依附电能表的安装位置，若电能表的安装尺寸明确了，试验接线盒的安装位置也就随之确定。对电能表的安装尺寸要求如下：电能表宜安装在0.8～1.8m的高度（表水平线距地面尺寸）；电能表与柜（盘、屏）边的最小距离应大于40mm；电能表中心线向各方向的倾斜不大于1°。

试验接线盒的接线是将电压互感器、电流互感器引出的二次线路经试验接线盒的接线端子的串、并联后，再接到电能表的接线端子。电压线路经试验接线盒的电压接线端子直接并接到电能表，电流线路经试验接线盒的两路电流接线端子及连接片串接到电能表，用来满足串接或短接二次电流的需要。三相三线试验接线盒与三相四线试验盒的接线方式相同，只是三相四线比三相三线增加了一组电流接线端子。

4. 试验接线盒的应用项目

1）现场检测

现场检验计量装置误差及测试计量装置接线状况时，利用试验接线盒将检验仪器接入二次回路中，这样运行中电能表（有功、无功）所承受的电压、电流、功率因数等参数与检验仪器完全相同。通过对检验仪器的操作，将电能表的运行状况与检验仪器中附带的标准电能表进行比较，其误差可在检验仪器的显示屏上显示出来。反映计量装置接线状态的相量图形及各项参数也可在检验仪器的显示屏上显示出来，从而可以判断出计量装置的接线是否正确。

2）用电检查

管理人员可以在用户正常用电情况下，利用试验接线盒现场检查并判断计量装置的运行是否正常，此方法十分简单、快捷。

（1）检查三相三线计量装置

检查三相三线计量装置（包括高压和低压计量装置）时，可采用抽中相电压法，即松开试验接线盒的中相(B相)电压接线端子中部的螺钉，将连接片往下拨动，使中相电压断开。如果用秒表测得电能表一定转数的时间正好是中相电压没有断开前的2倍，那么可以判断计量装置运行正常，否则不正常。对于电子式电能表，可用秒表分别测量中相电压断开前后一定脉冲数的时间，断开后应为断开前的2倍，也可以检查电子式电能表液晶显示屏上显示的功率数值，中相电压断开后其功率数值为断开前的1/2。

(2)检查三相四线计量装置

检查三相四线计时装置(包括高压和低压计量装置)时，可采用逐相抽电压法或短接电流法。

①逐相抽电压法：逐相松开试验接线盒的电压接线端子中部的螺钉，将连接片往下拨动，使电压线路逐相断开。当断开一相电压时，电能表被断开的一组元件停转，还有两组元件运行，用秒表测的电能表一定转数下的时间大约是电压断开前的1.5倍，那么可以判断计量装置运行正常，否则不正常。如果断开两相电压，此时电能表只剩一组元件运行，电能表一定转数下的时间应是电压正常时的3倍，这样可以进一步证明计量装置运行是否正常。对于电子式电能表，可将其脉冲数替代盘转数，其测试判断方法与普通电能表相同，也可在断开一相或两相电压时，检查其功率数值。

②短接电流法：将试验接线盒中来自电流互感器二次侧的电流接线端子，用连接片短接，使二次电流在此短路，电能表的一组或两组元件因无电流而停止运行。可以短接三相电流中的一相或两相，用秒表测试并判断计量装置的运行是否正常，测试判断方法与逐相抽电压法相同。

(3)更换电能表

电能表发生故障或周期轮换检定时，可以利用试验接线盒在带负荷状况下进行更换。更换时先将试验接线盒三相电压接线端子的连接片拨开，使电能表的接线端无电压，再将电流接线端子上面的连接片从右侧移到左侧，短接电流互感器二次侧的接线，使二次电流在此可靠短路，这样就可以进行更换。电能表更换完毕，应随即对更换电能表后的计量装置进行检查或检验，以保证其正常运行。最后将试验接线盒的接线恢复到运行状态。

5. 试验接线盒使用中的注意事项

(1)试验接线盒要在安装完毕投入运行前，进行二次线路的核对，同时检查接线螺钉、连接片是否紧固可靠，不要因其松动或位移造成端子发热或短路而影响电能计量。

(2)现场检验、检查计量装置或更换电能表时，试验接线盒中需要断开、短接的端子必须准确无误。因是带电操作，要仔细小心，遵守执行《电业安全工作规程》中的相关规定。

(3)通过试验接线盒外接仪表仪器时，注意接线正确，分清电压相序，防止短路，理顺电流回路的进出线，不得开路。

(4)更换电能表时，要准确记录更换时间（从断开电压端子接线或短接电流回路开始，到更换后的电能表恢复正常运行为止），依此计算并补收因电能表停止运行所影响的电量。

(5)采用现场检查的方法判断计量装置运行是否正常时，应使用检验仪器（因仪器的准确度高一些）再次对该计量装置进行检验，以确认检查的结果。

(6)现场检查或检验中发现计量装置运行异常时，应会同用户一起确认事实，共同分析原因，查出故障点，依据《供电营业规则》的相关规定进行电量的退补，同时做好防范类似故障的措施。对因窃电造成计量装置运行异常的，应启动窃电处理程序。

(7)试验接线盒使用完毕，核查其接线是否恢复到正常运行状态，要对试验接线盒的盖板加封，并清理工作现场。

(七)电能计量装置

1. 电能计量装置的组成

电能计量装置包括各种类型电能表，计量用电压、电流互感器及其二次回路，电能计量柜（箱）等。

电能计量装置的分类：运行中的电能计量装置按其所计量电能量的多少和计量对象的重要程度分为五类。

Ⅰ类电能计量装置：220kV 及以上贸易结算用电能计量装置，500kV

及以上考核用电能计量装置。计量单机容量 300MW 及以上发电机发电量的电能计量装置。

Ⅱ类电能计量装置：110(66)～220kV 贸易结算用电能计量装置，220～500kV 考核用电能计量装置。计量单机容量 100～300MW 发电机发电量的电能计量装置。

Ⅲ类电能计量装置：10～110(66)kV 贸易结算用电能计量装置，10～220kV 考核用电能计量装置。计量 100MW 以下发电机发电量、发电企业厂(站)用电量的电能计量装置。

Ⅳ类电能计量装置：380V～10kV 电能计量装置。

Ⅴ类电能计量装置：220V 单相电能计量装置。

2. 电能计量装置的技术要求

1)电能计量装置的接线方式

(1)电能计量装置的接线应符合 DL/T 825－2002 的要求。

(2)接入中性点绝缘系统的电能计量装置，应采用三相三线有功、无功或多功能电能表。接入非中性点绝缘系统的电能计量装置，应采用三相四线有功、无功或多功能电能表。

(3)接入中性点绝缘系统的电压互感器，35kV 及以上的宜采用 Yy 方式接线；35kV 以下的宜采用 V/v 方式接线。接入非中性点绝缘系统的电压互感器，宜采用 Yoyo 方式接线，其一次侧接地方式和系统接地方式相一致。

(4)三相三线制接线的电能计量装置，其 2 台电流互感器二次绕组与电能表之间应采用四线连接。三相四线制接线的电能计量装置，其 3 台电流互感器二次绕组与电能表之间应采用六线连接。

(5)在 3/2 断路器接线方式下，参与“和相”的 2 台电流互感器的准确度等级、型号和规格应相同，二次回路在电能计量屏端子排处并联，在并联处一点接地。

(6)低压供电，计算负荷电流为 60A 及以下时，宜采用直接接入电能表的接线方式；计算负荷电流为 60A 以上时，宜采用经电流互感器接入电能表的接线方式。

(7)选用直接接入式的电能表，其最大电流不宜超过 100A。

2)准确度等级

(1)各类电能计量装置应配置的电能表、互感器的准确度等级不应低于表8-4所示值。

表8-4　准确度等级

电能计量装置类别	准确度等级			
	电能表		电力互感器	
	有功	无功	电压互感器	电流互感器
Ⅰ	0.2S	2	0.2	0.2S
Ⅱ	0.5S	2	0.2	0.2S
Ⅲ	0.5S	2	0.5	0.5S
Ⅳ	1	2	0.5	0.5S
Ⅴ	2	—	—	0.5S

注:发电机出口可选用非S级电流互感器。

(2)电能计量装置中电压互感器二次回路电压降应不大于其额定二次电压的0.2%。

3. 电能计量装置的配置原则

(1)贸易结算用的电能计量装置原则上应设置在供用电设施的产权分界处。发电企业上网线路、电网企业间的联络线路和专线供电线路的另一端应配置考核用电能计量装置。分布式电源的出口应配置电能计量装置,其安装位置应便于运行维护和监督管理。

(2)经互感器接入的贸易结算用电能计量装置应按计量点配置电能计量专用电压、电流互感器或专用二次绕组,并不得接入与电能计量无关的设备。

(3)电能计量专用电压、电流互感器或专用二次绕组及其二次回路应有计量专用二次接线盒及试验接线盒。电能表与试验接线盒应按一对一原则配置。

(4)Ⅰ类电能计量装置、计量单机容量100MW及以上发电机组上网贸易结算电量的电能计量装置和电网企业之间购销电量的10kV及以上电能计量装置，宜配置型号、准确度等级相同的计量有功电量的主副两只电能表。

(5)35kV 以上贸易结算用电能计量装置的电压互感器二次回路，不应装设隔离开关辅助接点，但可装设快速自动空气开关。35kV 及以下贸易结算用电能计量装置的电压互感器二次回路，计量点在电力用户侧的应不装设隔离开关辅助接点和快速自动空气开关等；计量点在电力企业变电站侧的可装设快速自动空气开关。

(6)安装在电力用户处的贸易结算用电能计量装置，10kV 及以下电压供电的用户，应配置符合 GB/T 16934—2013 规定的电能计量柜或电能计量箱；35kV 电压供电的用户，宜配置符合 GB/T 16934—2013 规定的电能计量柜或电能计量箱。未配置电能计量柜(箱)的，其互感器二次回路的所有接线端子、试验端子应能实施封印。

(7)安装在电力系统和用户变电站的电能表屏，其外形及安装尺寸应符合 GB/T 7267—2015 的规定，屏内应设置交流试验电源回路以及电能表专用的交流或直流电源回路。电力用户侧的电能表屏内应有安装电能信息采集终端的空间，以及二次控制、遥信和报警回路的端子。

(8)贸易结算用高压电能计量装置应具有符合 DL/T 566—1995 要求的电压失压计时功能。互感器二次回路的连接导线应采用铜质单芯绝缘线。对电流二次回路，连接导线截面积应按电流互感器的额定二次负荷计算确定，至少应不小于 $4mm^2$；对电压二次回路，连接导线截面积应按允许的电压降计算确定，至少应不小于 $2.5mm^2$。

(9)互感器额定二次负荷的选择应保证接入其二次回路的实际负荷在 25%～100%额定二次负荷范围内。二次回路接入静止式电能表时，电压互感器额定二次负荷不宜超过 10VA，额定二次电流为 5A 的电流互感器，额定二次负荷不宜超过 15VA，额定二次电流为 1A 的电流互感器，额定二次负荷不宜超过 5VA。电流互感器额定二次负荷的功率因数应为0.8～1.0。电压互感器额定二次负荷的功率因数应与实际二次负荷的功率因数接近。

(10)电流互感器额定一次电流的确定，应保证其在正常运行中的实际负荷电流达到额定值的 60%左右，至少应不小于 30%，否则应选用高动热稳定电流互感器，以减小变比。

(11)为提高低负荷计量的准确性，应选用过载4倍及以上的电能表。

(12)经电流互感器接入的电能表，其额定电流不宜超过电流互感器额定二次电流的30%，其最大电流宜为电流互感器额定二次电流的120%左右。

(13)执行功率因数调整电费的电力用户，应配置计量有功电量、感性和容性无功电量的电能表；按最大需量计收基本电费的电力用户，应配置具有最大需量计量功能的电能表；实行分时电价的电力用户，应配置具有多费率计量功能的电能表；具有正、反向送电的计量点应配置计量正向和反向有功电量以及四象限无功电量的电能表。

(14)交流电能表外形尺寸应符合GB/Z 21192—2007的相关规定。

(15)计量直流系统电能的计量点应装设直流电能计量装置。

(16)带有数据通信接口的电能表通信协议应符合DL/T 645—2017及其备案文件的要求。

(17)Ⅰ、Ⅱ类电能计量装置宜根据互感器及其二次回路的组合误差优化选配电能表；其他经互感器接入的电能计量装置宜进行互感器和电能表的优化配置。

(18)电能计量装置应能接入电能信息采集与管理系统。

电能计量装置的接线方式由电力系统中性点的接地方式决定。无论电力系统中性点直接接地还是经补偿设备接地，当三相系统不平衡时，中性点都会流过不平衡电流，对此类接地系统都应采用三相四线接线方式。采用三相四线直接接入式电能表，要保证计量准确，首先应选择合适的电能表，其额定电流应等于或略大于负载电流。其次，使用前应确认电压端子连接片已连接好，无接触不良。保证电流进线和出线接线正确，否则将造成电能表不转、返转或计量不准。

(八)计量装置整体接线检查

1. 停电检查

新装互感器、更换互感器以及二次回路的电能计量装置投入运行之前，都必须在停电的情况下进行接线检查。

对于运行中的电能计量装置，当无法判断接线正确与否或需要进一步核实带电检查的结果时，也要进行停电检查。

1)停电检查的目的和内容

电能计量装置是供电(发电)企业对电力用户使用(发电上网)电能量多少的度量衡器具，是电能贸易结算或考核的依据。正确计量电能，不仅要求电能计量装置准确度要通过室内的校验得到保证，而且需要通过停电检查确保现场运行的计量装置接线正确，运行可靠。

电能计量装置停电检查的内容包括：核对互感器的铭牌(变比、编号、准确度等级)、核对端子标记、检查计量方式是否合理等。具体内容包括：

(1)互感器的变比和极性试验。对于安装前经过互感器误差试验，并有检定合格证的可以不再进行变比试验。但还应进行互感器的实际二次负载测试和实际二次负载下的互感器的误差测试。检查核对互感器的极性标志是否正确，一般现场都是采用直流法进行试验。

(2)三相电压互感器的组别试验。对于三相电压互感器的连接组别，可采用直流法或交流法以及相位表法进行测定。

(3)二次回路检查。检查二次回路，一方面是做二次回路的导通试验；另一方面是核对二次接线连接是否正确，确认各相电压、电流是否对应，电能表、电压互感器、电流互感器的接线有没有差错。在停电情况下，任意断开电流回路的一点，用万用表串入，测量其回路直流电阻，正常时其电阻近似为零，若电阻很大则可能是二次接错或短路。测量电压回路时，在电压互感器的端子处断开，分别测量 U_{ab}、U_{bc}、U_{ca} 的直流电阻，此值应较大，如接近零或很大，可能是短路或开路，则必须分段查找以缩小检查范围。

(4)核对端子标记。根据电力系统中一次设备的相色(一般是以黄、绿、红三种颜色来区别 U、V、W 三相的相别)核对二次回路的相别。首先核对电压互感器、电流互感器一次绕组的相别与系统是否相符，然后再根据互感器一次侧的相别来确定二次回路的相别。同时还应逐段核对从电压、电流互感器的二次端子直到电能表尾之间所有接线端子的标号，做到标号正确无误。

(5)检查计量方式是否合理。根据线路的实际情况和用户的用电性质，检查选择的计量方式是否合理。其中包括电流互感器的变化是否合适，是否经常运行在标定电流的 1/3 以上，计量回路是否与其他二次设备共用一组电流互感器。电流、电压互感器二次回路导线的截面是否符合要求，电压互感器二次回路电压降是否合格，无功电能表和双向计量的有功表中是否加装止逆器，电压互感器的额定电压是否与线路电压相符，有无不同的母线共用一组电压互感器，电压与电流互感器是否分别接在变压器的不同电压侧。

2)停电检查前的准备工作

(1)检查前的工作

准备有关电能计量装置的信息资料，如被检查计量装置的安装位置及铅封号、电能表表号、互感器变比及编号等，以便现场核对。

(2)安全工作要求

①应按规定办理工作票。

②应先确定有无阻止送电或防倒送电的措施，并在被检查计量装置前后两侧各挂一组接地线，悬挂标识牌，防止检查过程中计量装置突然来电，引发人身事故。

③工器具准备

检查用工器具，包括验电器、万用表等仪器。

2. 带电检查

对经过停电检查的电能计量装置，在投入运行后首先应进行带电检查。

对正在运行中的电能计量装置也应定期进行带电检查，并应按照有关规程规定，结合周期性现场校表同时进行，还要作好接线检查记录。

带电检查的内容有如下几个方面：

(1)新安装的电能表。

(2)更换后的电能表。

(3)电能表在运行中发生异常现象。

电能计量装置在运行中一旦发生错误接线，在查出错误接线后，应把错误的接线加以纠正，同时还要进行退补电量的计算。

(九)接线工艺和质量控制

1. 三相四线电子式多功能电能表零线接入(第一根线)

(1)选线:零线选取 2.5mm^2 黑色单芯绝缘铜导线。

(2)整理导线:因为导线是从成盘的导线上截取下来的,所以存在弯曲的情况,为保证接线工艺的美观,应对导线做拉直处理。具体操作方法为:左手两手指在距离导线一端 20cm 处捏住导线,右手两手指在左手捏住导线处从下往上用力捋线三至五次,如图 8-30 所示。

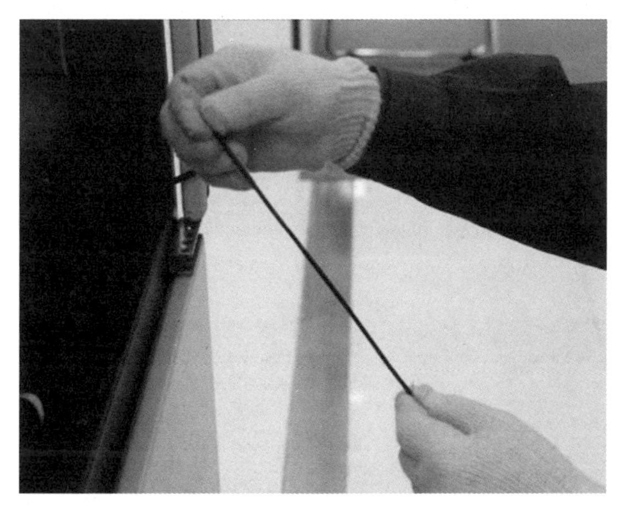

图 8-30　整理导线

(3)剥线:正确使用剥线钳剥掉绝缘皮。

注意:选择剥线钳合适的孔径剥掉绝缘皮,剥线长度大约 2cm,不能剥得太长,也不能剥得太短,如图 8-31 所示。

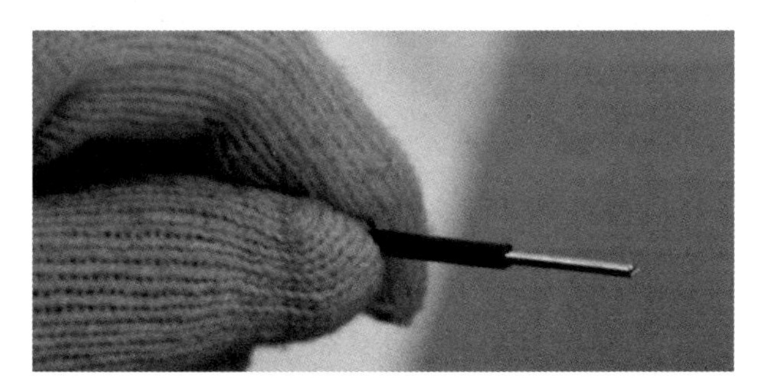

图 8-31　正确剥掉绝缘皮

(4)折线:将导线金属部位与电能表假表位10号端子的两个螺丝对齐,保证导线竖直,在假表位与试验接线盒的中间位置折线。折线位置的选取是工艺保证的重要前提,首先要保证身体坐正,目光与柜前面垂直。折线时左右手的拇指与食指要靠在一起折线(四指折线),其他手指不要用力,以免导线弯曲,如图8-32所示。

图8-32 四指折线

先将导线弯折成锐角,然后再恢复成直角,这样能够保证工艺美观,如图8-33所示。

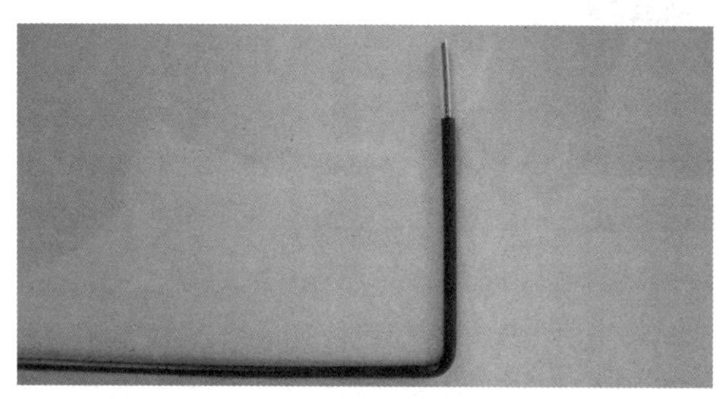

图8-33 最终将导线折成直角

(5)把导线剥线一端放入电能表假表位10号端子,在试验接线盒零线端子上方孔1号位置,重复折线的过程,如图8-34所示。

图 8-34 在试验接线盒零线端子上方孔 1 号位置折线

(6)目测:在保证试验接线盒零线上方端子孔 1 号位置两个螺丝都能压到导线的部位,剪断导线,如图 8-35 所示。

图 8-35 确定剪断导线位置

(7)对这一端的导线剥掉绝缘皮,长度同样是 2cm。

(8)把导线接入假表位和试验接线盒对应孔,用螺丝刀将螺丝拧紧,保证金属没有外露,如图 8-36 所示。

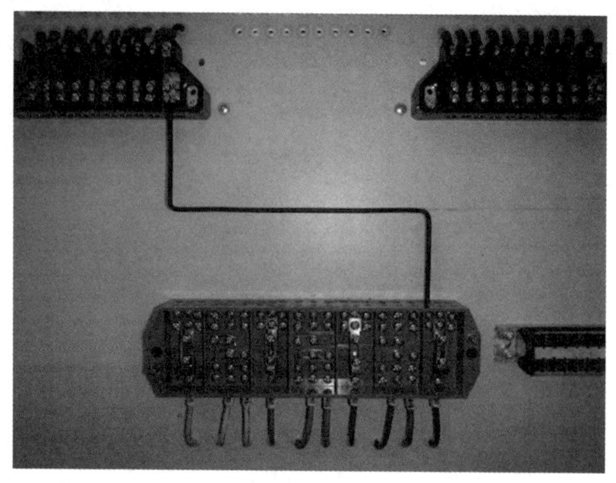

图 8-36　三相四线电子式多功能电能表零线接入

2. 三相四线专变采集终端零线接入(第二根线)

(1)选线:选取同样的 2.5mm² 黑色单芯绝缘铜导线。

(2)整理导线。

(3)剥线:正确使用剥线钳剥掉绝缘皮 2cm。

(4)折线:将导线金属部位与终端假表位 10 号端子的两个螺丝对齐,保证导线竖直,在表尾与试验接线盒的中间位置折线,如图 8-37 所示。

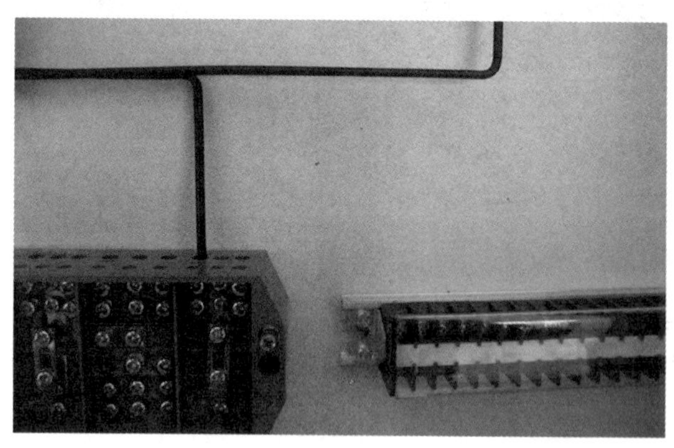

图 8-37　在试验接线盒零线端子上方孔 3 号位置折线

(5)把导线剥线一端放入终端假表位 10 号端子,在试验接线盒零线端子上方孔 3 号位置,重复折线的过程。

(6)目测:在保证试验接线盒零线端子上方孔 3 号位置两个螺丝都能

压到导线的部位，剪断导线，如图 8-38 所示。

图 8-38　确定剪断导线位置

(7)将这一端的绝缘皮剥掉，长度同样是 2cm。

(8)把导线接入假表位和试验接线盒对应孔，用螺丝刀将螺丝拧紧，保证金属没有外露，如图 8-39 所示。

图 8-39　三相四线专变采集终端零线接入

3. 从三相四线电子式电能表 U 相流出到专变采集终端 U 相(第三根线)

(1)选线：U 相电流线选取 $4mm^2$ 黄色单芯绝缘铜导线。

(2)整理导线。

（3）剥线：正确使用剥线钳剥掉绝缘皮 2cm。

（4）折线：将导线金属部位与电能表假表位 3 号端子的两个螺丝对齐，保证导线竖直，在假表位与试验接线盒的中间位置折线，如图 8-40 所示。

图 8-40 电流线接入电能表假表位 3 号端子和折线位置

（5）把导线剥皮一端对齐电能表假表位 3 号端子，在终端假表位 1 号端子位置，重复折线的过程，如图 8-41 所示。

图 8-41 在终端假表位 1 号端子位置折线

（6）目测：在保证终端假表位 1 号端子两个螺丝都能压到导线的部位，剪断导线，如图 8-42 所示。

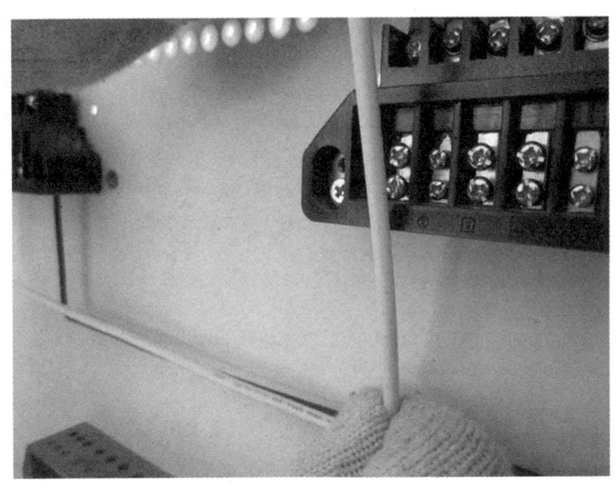

图 8-42 确定剪线位置

(7)将这一端的绝缘皮剥掉，长度同样是 2cm。

(8)把导线接入电能表和终端假表位对应端子，用螺丝刀将螺丝拧紧，保证金属没有外露，如图 8-43 所示。

图 8-43 三相四线电子式电能表 U 相流出到专变采集终端 U 相

4. 三相四线电子式电能表 U 相电压线接入(第四根线)

(1)选线：U 相电压线选取 2.5mm^2 黄色单芯绝缘铜导线。

(2)整理导线。

(3)剥线：正确使用剥线钳剥掉绝缘皮 2cm。

(4)折线：将导线金属部位与电能表假表位 2 号端子的两个螺丝对齐，保证导线竖直，在假表位与试验接线盒的中间位置折线，保证导线水平方向与第三根线平行，如图 8-44 所示。

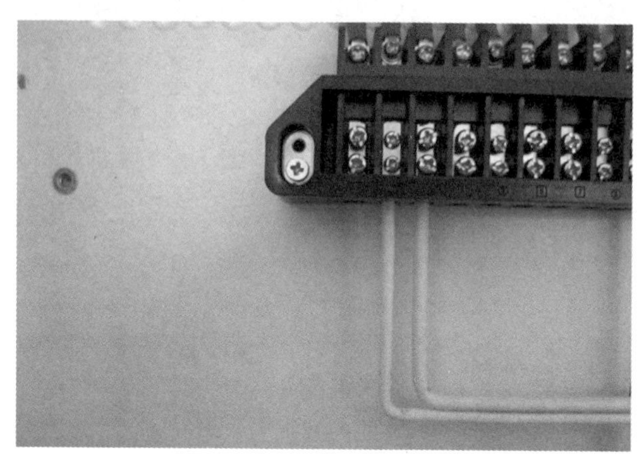

图 8-44 电压线接入电能表假表位 2 号端子，确定折线位置

(5)把导线剥线一端放入电能表假表位 2 号端子，在试验接线盒 U 相电压端子上方孔 1 号位置，重复折线的过程，如图 8-45 所示。

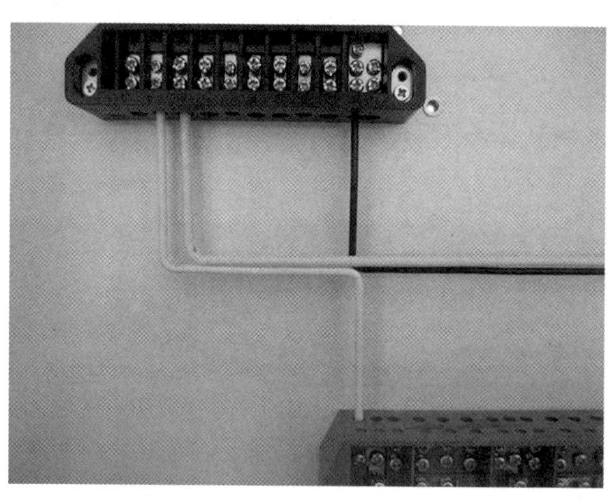

图 8-45 在试验接线盒 U 相电压端子上方孔 1 号位置折线并接入导线

(6)目测：在保证试验接线盒 U 相电压端子上方孔 1 位置两个螺丝都能压到导线的部位，剪断导线。

(7)对这一端的导线剥掉绝缘皮，长度同样是 2cm。

(8)把导线接入电能表假表位和试验接线盒对应孔，用螺丝刀将螺丝拧紧，保证金属没有外露，如图 8-46 所示。

图 8-46　三相四线电子式电能表 U 相电压线接入

5. 三相四线专变采集终端 U 相电压线接入(第五根线)

按相同的接线步骤及要求,完成三相四线采集终端 U 相电压线接入,终端假表位和试验接线盒端子接线孔要选正确。接入终端假表位的是 2 号端子,接入试验接线盒的是 U 相电压端子上方孔 3 号,如图 8-47 和图 8-48 所示。

图 8-47　电压线接入采集终端假表位 2 号端子并确定折线位置

图 8-48 在试验接线盒 U 相电压端子上方孔 3 号位置折线并接入导线

保证第四、第五根线做到在竖直和水平方向都与第三根线平行，如图 8-49 所示。

图 8-49 三相四线专变采集终端 U 相电压线接入

6. 三相四线电子式电能表 U 相电流入(第六根线)

(1)选线：U 相电流线选取 4mm^2 黄色单芯绝缘铜导线。

(2)整理导线。

(3)剥线：正确使用剥线钳剥掉绝缘皮 2cm。

(4)折线：将导线金属部位与电能表假表位 1 号端子的两个螺丝对齐，保证导线竖直，在假表位与试验接线盒的中间位置折线，保证导线水平方向与第四根线平行，如图 8-50 所示。

图 8-50　电流线接入电能表假表位 1 号端子并确定折线位置

(5)把导线剥线一端放入电能表假表位 1 号端子,在试验接线盒 U 相电流端子上方孔 1 号位置,重复折线的过程,如图 8-51 所示。

图 8-51　在试验接线盒 U 相电流端子上方孔 1 号位置折线并接入导线

(6)目测:在保证试验接线盒 U 相电流端子上方孔 1 号位置两个螺丝都能压到导线的部位,剪断导线。

(7)对这一端的导线剥掉绝缘皮,长度同样是 2cm。

(8)把导线接入电能表假表位和试验接线盒对应端子,用螺丝刀将螺丝拧紧,保证金属没有外露,如图 8-52 所示。

图 8-52　三相四线电子式电能表 U 相电流入

7. 三相四线专变采集终端 U 相电流出(第七根线)

按相同的接线步骤及要求，完成三相四线采集终端 U 相电压线接入，终端假表位和试验接线盒端子接线孔要选正确。接入终端假表位的是 3 号端子，接入试验接线盒的是 U 相电流端子上方孔 3 号，如图 8-53 所示。

图 8-53　三相四线专变采集终端 U 相电流出

按照同样的方法，完成 V 相和 W 相的接线，如图 8-54 所示。

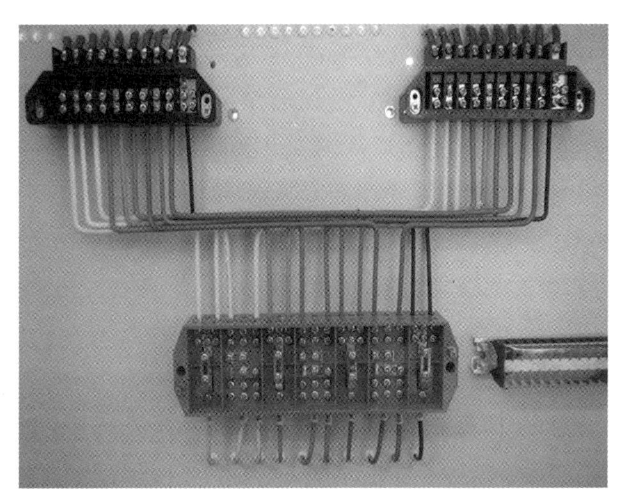

图 8-54　三相四线电子式电能表 V 相和 W 相电流入

至此，完成接线。完成后进行漏接、漏扎、螺丝漏拧紧检查。

六、技能培训步骤

（一）风险点分析、注意事项及安全措施（见表 8-5 和表 8-6）

表 8-5　风险点分析

序号	工作现场风险点分析	逐项落实“有/无”
1	设备金属外壳接地不良有触电危险；使用不合格工器具有触电危险	
2	工作不认真、不严谨，误将 TA 二次开路，产生危及人员和设备的高电压	
3	低压带电工作无绝缘防护措施，人员触碰带电低压导线，作业过程中作业人员同时接触两相，导致触电	
4	接线不正确、接触不良影响表计正确计量	

表 8-6　　注意事项及安全措施

序号	注意事项及安全措施	逐项落实并打“√”
1	进入工作现场，穿工作服、绝缘胶鞋，戴安全帽，使用绝缘工具，必要时使用护目镜，采取绝缘挡板等隔离措施	
2	停电作业工作前必须执行停电、验电措施；低压带电工作人员穿绝缘鞋，戴手套，使用绝缘柄完好的工具，螺丝刀、扳手等多余金属裸露部分应用绝缘带包好，以防短路。接触金属表箱前，需用验电器确认表箱外壳不带电	
3	清理工作现场有无遗漏工器具，清理垃圾	
4	工作中严格执行专业技术规程和作业指导书要求	

(二)准备工作

1. 工作现场准备

检查安装场所是否符合安装要求，直接接入式三相四线智能电能表一只、三相四线漏电断路器两个。

2. 工具器材及使用材料准备

检查现场的工器具种类是否齐全和符合要求，按负荷大小选择确定截面符合要求且相色对应的单股铜芯线，选择足量的尼龙扎带和铅封。

(三)具体操作步骤

1. 工作前的准备

(1)着装：安全帽(正确佩戴，包括下颌带和后箍松紧适当)，工作服(袖口、领口、袋口扣子全部扣好)，线手套(整洁)，绝缘鞋。

(2)检查工器具：毡垫(卷好，入场握在手里)一块，验电笔一支，十字螺丝刀一把，剥线钳一把，斜口钳一把，绑扎带、铅封若干，万用表一只。

2. 入场

入场检查工作：检查作业板上元器件是否合格齐备，如图8-55所示。如有螺丝缺少、盒盖损坏等情况及时向裁判报备更换。整理导线，如有弯曲不合格向裁判报告，得到允许后裁剪去除，如图 8-56 所示。检查内容包括：提供的四种颜色的线是否合格，查看线头是否有打弯或影响裁线、接线美观等问题，如有，报告裁判，请求裁除整理（如开始工作，在接线过程中再发现元器件损坏及螺丝缺失问题，均会按参赛选手本人螺丝缺失计算，或者作业前检查不合格，现场裁判检查认可后停止计时，待更换元器件后继续计时工作，对选手速度影响很大）。

☞注

未穿工作服、绝缘鞋，未戴安全帽、线手套，每项扣 2 分；着装穿戴不规范，每处扣 1 分。

图 8-55 检查面板和元器件

图 8-56　检查导线

3. 报告"X 号工位准备完毕"

作业现场检查完毕后，退至作业现场入场标线以外，迅速检查整理衣着，手拿工具包、毡垫，验电笔收放选手腰包最方便取用位置，面对工位立正站好，报告"X 号工位准备完毕"，等待裁判允许开始作业的信号，如图 8-57 所示。

注

工器具齐全，缺少或不符合要求，每件扣 1 分。

图 8-57　报告"X 号工位准备完毕"

4. 展开毡垫

得到裁判“比赛开始”信号后(此时裁判计时开始),迅速铺好毡垫,迅速检查工器具(手摸工器具一遍,检查工器具包),并大声报告“工器具齐全良好”。

☞注

工作单漏填、错填,每处扣 2 分;工器具缺少或不符合要求,每件扣 1 分。

展开毡垫的动作要迅速利落,一步到位,毡垫要紧贴小车,不要留出缝隙,避免在裁线时导线触及地面,如图 8-58 所示。

图 8-58　展开毡垫

5. 验电

一只手摘线手套,先将验电笔在模拟电源上检验性能是否良好,如图 8-59 所示。然后再验柜体螺丝和接线板金属安装导轨,并大声报告“柜体无电压”。

☞注

未检查扣 5 分;未验电扣 5 分;验电前触碰柜体扣 5 分;验电方法不正确扣 3 分。

图 8-59 检验验电笔

在模拟电源确认验电笔合格后，再在柜体（包括接线板）验电（在不同位置，不少于两处），如图 8-60 和图 8-61 所示。

图 8-60 柜体验电

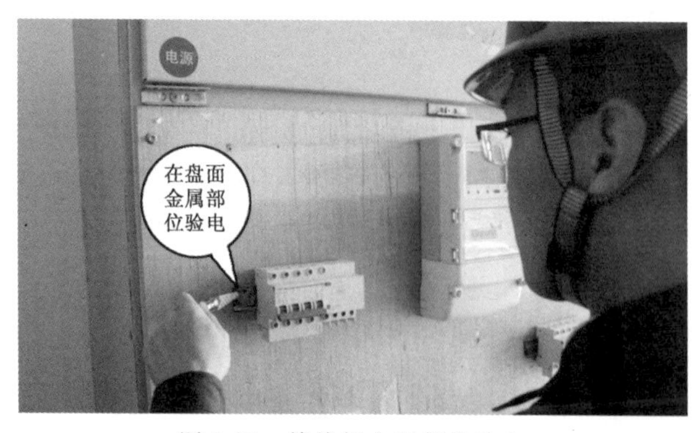

图 8-61 接线板金属部位验电

6. 正确填写工作单

工作单填写内容应完整规范，如图 8-62 所示。

图 8-62　正确填写工作单

拆卸表尾盖、强弱电隔离板，松卸表尾螺丝，如图 8-63 所示。

☞注

松卸螺丝时需至少 4 圈，紧固螺丝时顶住线芯再拧 1 圈半。

图 8-63　螺丝刀垂直使用

7. 进行电能表导通测试

首先，将万用表调节到蜂鸣挡位，进行两只测试笔开路和短接自检，检验万用表是否正常工作，如图 8-64 和图 8-65 所示。

图 8-64　蜂鸣挡开路自检

图 8-65　蜂鸣挡短接自检

8. 检测导线

用万用表依次检测每一相电流线圈导通情况，如图 8-66 所示。

注

未正确进行测试扣 5 分。

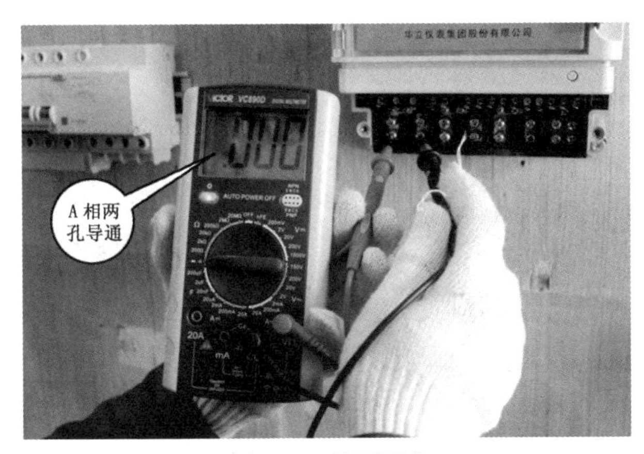

图 8-66　导通测试

9. 统一裁线

裁 8 根 $4mm^2$ 铜芯线，黄线、绿线、红线、中性线各 2 根（裁线长度可用手臂测量），如图 8-67 和图 8-68 所示。统一剥离线头绝缘皮，如图8-69 所示。

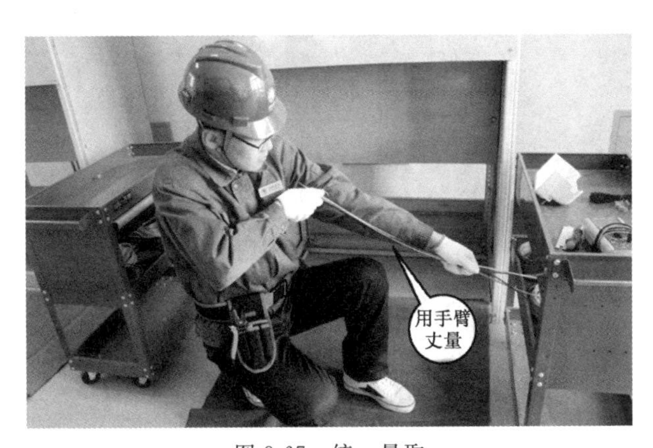

图 8-67　统一量取

图 8-68　统一裁线

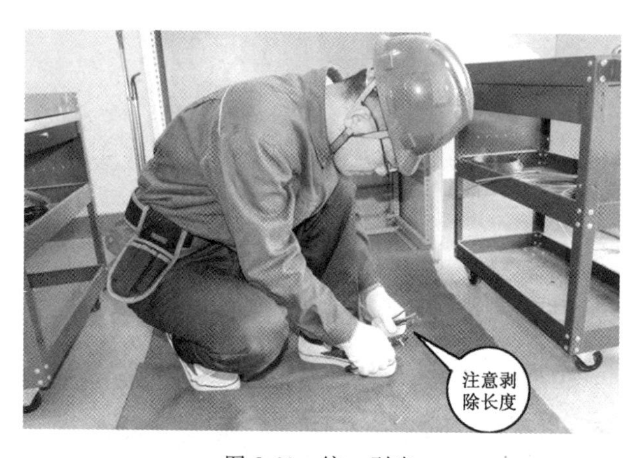

图 8-69　统一剥皮

10. 从进线侧开关开始接线

经过电能计量表接出至出线侧开关，中性线、红线、绿线、黄线依次由内向外接出，中性线的连接如图 8-70 所示。

接线要求横平竖直，导线压点紧固，不允许出现绞线和死弯。

注

导线选择错误，每处扣 2 分；导线选择相序颜色错误，每相扣 5 分；接线错误，则“接线方式”及“设备安装”两项皆不得分；压点紧固复紧不超过 1/2 周但又不伤线、滑丝，不合格每处扣 2 分；表尾接线应有两处明显压点，不明显每处扣 2 分；导线压绝缘层，每处扣 2 分；横平竖直偏差大于

3mm,每处扣 1 分;转弯半径不符合要求,每处扣 2 分;芯线裸露超过 1mm,每处扣 1 分。

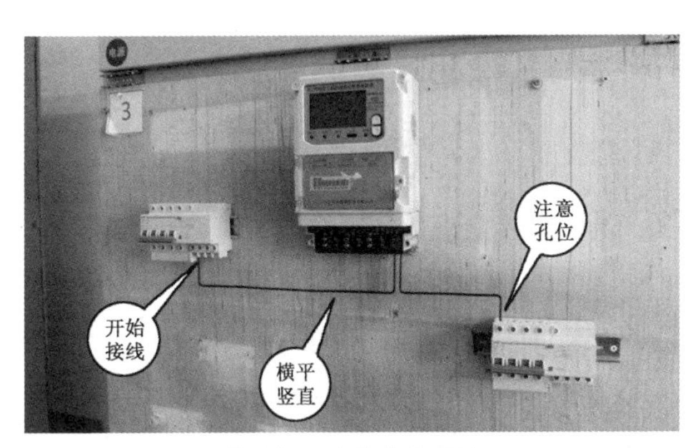

图 8-70　中性线的连接

以中性线为基准,红线、绿线、黄线依次由内向外接出,注意接线孔位置,红线连接如图 8-71 所示。

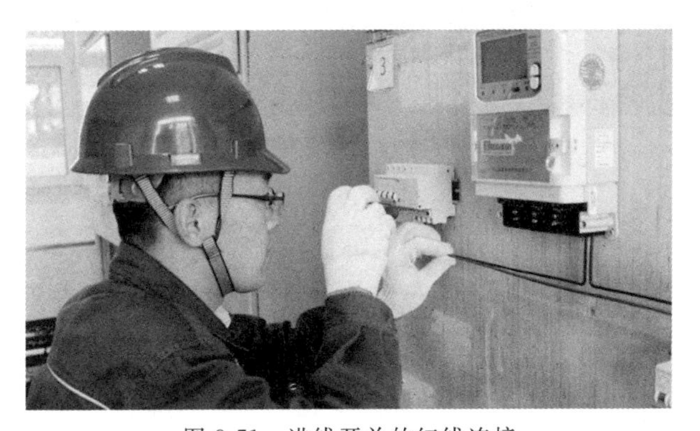

图 8-71　进线开关的红线连接

对准接线孔,选取折弯点,如图 8-72 和图 8-73 所示。

图 8-72　折弯点量取

图 8-73　两手折弯

注意精确裁线，如图 8-74 和图 8-75 所示。

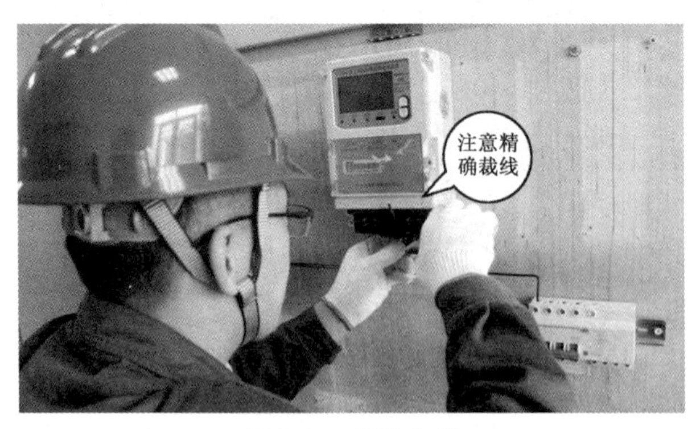

图 8-74　精确裁线

图 8-75　依次拧紧螺丝

先将线插入线孔，量出合适的折弯位置，如图 8-76 所示。取出线，折弯，如图 8-77 所示。

图 8-76　量取折弯位置

图 8-77　规范折弯

在紧螺丝的同时，另一只手注意调整线的横平竖直，如图 8-78 所示。

图 8-78 表尾接线

精确量取折变位置，如图 8-79 所示。

图 8-79 精确量取折弯位置

折弯时两手靠近，注意角度，如图 8-80 和图 8-81 所示。

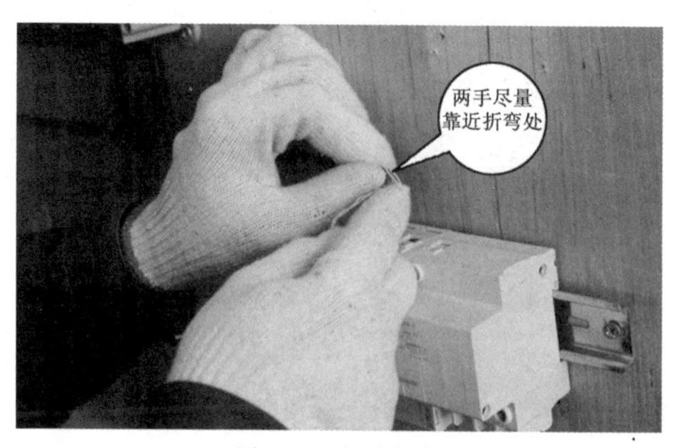

图 8-80 规范折弯

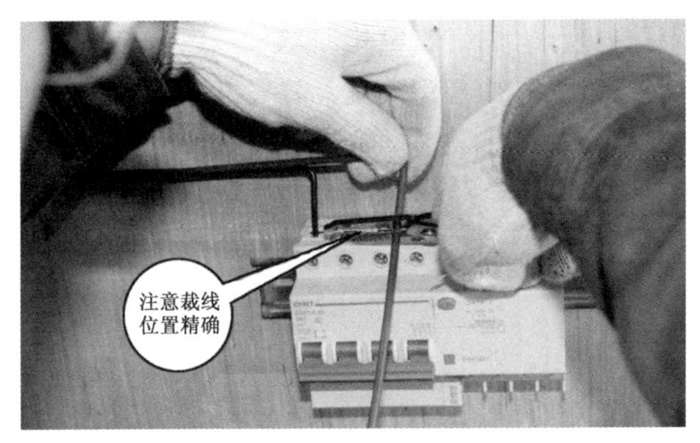

图 8-81　精确裁剪

中性线、红线、绿线接完后的效果,如图 8-82 所示。

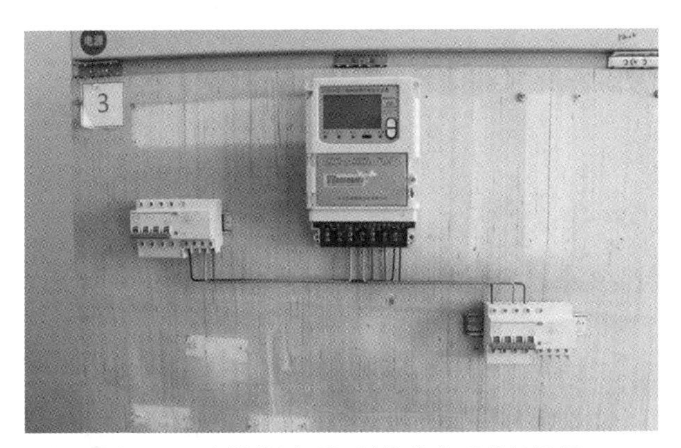

图 8-82　中性线、红线、绿线接完后的效果图

所有线接完后的效果,如图 8-83 所示。

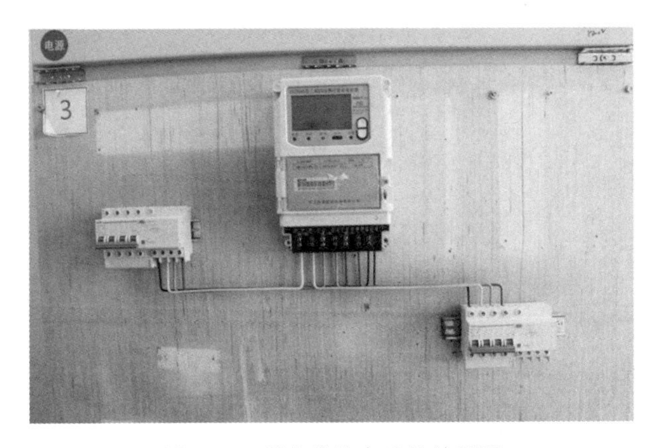

图 8-83　所有线接完后的效果图

11. 布线完毕，统一绑扎带、剪扎带

统一绑扎带，如图 8-84 所示。统一剪扎带尾，如图 8-85 所示。

注

导线未扎紧、绑扎间隔不均匀、绑线间距超过 15cm，每处扣 2 分；离转弯点 5cm 处两边扎紧，不合格每处扣 2 分。

图 8-84 绑扎带

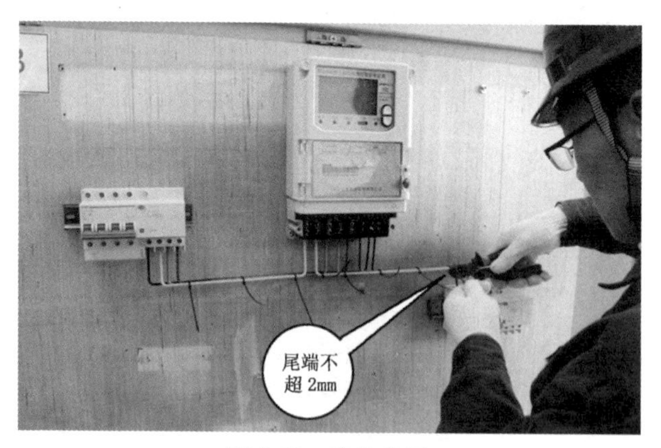

图 8-85 剪扎带尾

剪完扎带后统一整理工艺,如图 8-86 所示。

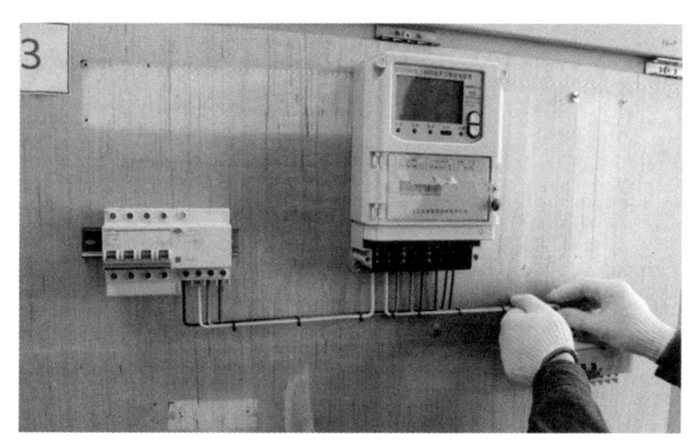

图 8-86　整理工艺

12. 上盒盖,打铅封

安装隔离板和表尾盖,如图 8-87 和图 8-88 所示。

☞注

电能表接线端钮盒盖未施封,扣 2 分;施封不规范,扣 1 分;隔离板安装不规范,每处扣 1 分;导线绝缘有损伤、有剥线伤痕,每处扣 2 分;剩线长超过 20cm,每根扣 2 分;螺丝、垫片、元器件掉落,每次扣 2 分;造成设备损坏,每次扣 5 分。

图 8-87　安装隔离板

图 8-88　封表尾盖

表尾螺丝孔与塑料盖孔方向保持一致，上盒盖时一步调整到位，如图 8-89 所示。

图 8-89　一步调整到位

封表尾铅封，如图 8-90 所示。

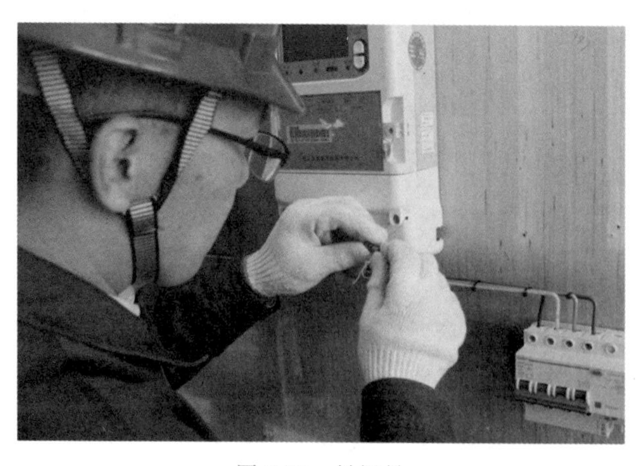

图 8-90　封铅封

接完线后的整体效果图，如图 8-91 所示。

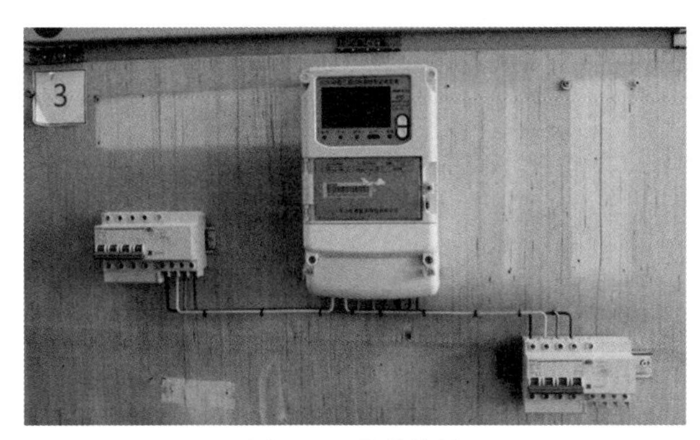

图 8-91　整体效果

13. 整理现场

整理现场包括对现场导线的整理和卫生打扫。完成后，报告"现场已清理，工作完毕"，如图 8-92 所示。

图 8-92　整理剩余导线

线头、扎带尾等全部清理，如图 8-93 所示。

所有垃圾用毡垫兜起，如图 8-94 所示。

图 8-93　清理现场

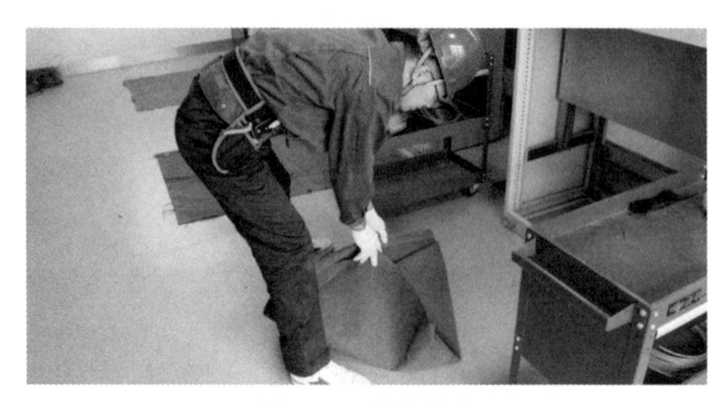

图 8-94　兜起毡布

再次检查整个接线盘面和现场情况后，报告“现场清理完毕，工作结束”并上交工作单，如图 8-95 和图 8-96 所示。

注

出现不安全行为，每次扣 5 分；现场未恢复，扣 5 分，恢复不彻底，扣 2 分；损坏工具，每件扣 2 分；工作单未上交，扣 5 分。

图 8-95　报告“现场清理完毕，工作结束”

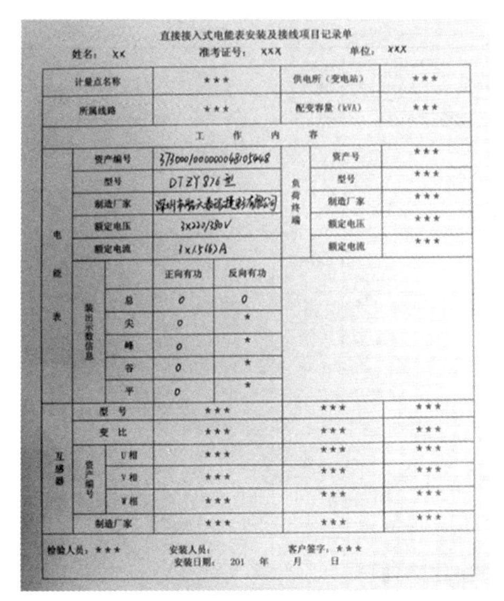

直接接入式电能表安装及接线项目记录单

姓名：××　　准考证号：×××　　单位：×××

计量点名称	***	供电所（变电站）	***	
所属线路	***	配变容量（kVA）	***	
工　作　内　容				
电能表 资产编号	373000/000000048105448	负荷终端 资产号	***	
型号	DTZY876型	型号	***	
制造厂家	深圳市[illegible]有限公司	制造厂家	***	
额定电压	3×220/380V	额定电压	***	
额定电流	1×1.5(6)A	额定电流	***	
装出示数信息	正向有功	反向有功		
总	0	0		
尖	0	*		
峰	0	*		
谷	0	*		
平	0	*		
互感器 型号	***	***	***	
变比	***	***	***	
资产编号 U相	***	***	***	
资产编号 V相	***	***	***	
资产编号 W相	***	***	***	
制造厂家	***	***	***	

检验人员：***　　安装人员：　　安装日期：201　年　月　日　　客户签字：***

图 8-96　填写完毕的工作单

七、技能等级认证标准

直接接入式电能表安装及接线项目考核评分记录表如表 8-7 所示。

表 8-7　　直接接入式电能表安装及接线项目考核评分记录表

姓名：　　　　准考证号：　　　　单位：　　　　时间要求：30min

序号	项目评分	考核要点	配分	标准	得分	扣分	备注
1	工作准备						
1.1	着装穿戴	1.穿工作服、绝缘鞋 2.戴安全帽、线手套	5	1.未穿工作服、绝缘鞋，未戴安全帽、线手套，每项扣 2 分 2.着装穿戴不规范，每处扣 1 分			
1.2	材料选择及工器具检查	选择材料及工器具齐全，符合使用要求	5	工器具齐全，缺少或不符合要求每件扣 1 分			

续表

序号	项目评分	考核要点	配分	标准	得分	扣分	备注
2	工作过程						
2.1	填写工作单	正确填写工作单	5	1. 工作单漏填、错填，每处扣2分 2. 工作单填写有涂改，每处扣1分			
2.2	带电情况检查	操作前不允许碰触柜体，验电步骤合理	10	1. 未检查扣5分 2. 未验电扣5分 3. 验电前触碰柜体扣5分 4. 验电方法不正确扣3分			
2.3	电能表导通测试	测试方法正确	5	未正确进行测试扣5分			
2.4	接线方式	接线正确，导线线径、相色选择正确	15	1. 导线选择错误，每处扣2分 2. 导线选择相序颜色错误，每相扣5分 3. 接线错误，本项及2.5项不得分			

续表

序号	项目评分	考核要点	配分	标准	得分	扣分	备注
2.5	设备安装	1.设备安装工序合理、操作熟练、作业安全，满足作业指导书的相关要求 2.设备安装布局美观，接线正确、顺序合理 3.安全工器具使用得当 4.不得发生设备损坏或影响设备运行效果的作业行为	50	1.压点紧固复紧不超过1/2周但又不伤线、滑丝，不合格每处扣2分 2.表尾接线应有两处明显压点，不明显每处扣2分 3.导线压绝缘层，每处扣2分 4.横平竖直偏差大于3mm，每处扣1分；转弯半径不符合要求，每处扣2分 5.导线未扎紧、绑扎间隔不均匀、绑线间距超过15cm，每处扣2分 6.离转弯点5cm处两边扎紧，不合格每处扣2分 7.芯线裸露超过1mm，每处扣1分 8.导线绝缘有损伤、有剥线伤痕，每处扣2分 9.剥线长超过20cm，每根扣2分 10.螺丝、垫片、元器件掉落，每次扣2分；造成设备损坏，每次扣5分 11.电能表接线端钮盒盖未施封，扣2分；施封不规范，扣1分			

续表

序号	项目评分	考核要点	配分	标准	得分	扣分	备注
3	工作终结验收						
3.1	安全文明生产	结束前，工器具放回原位，摆放整齐；无损坏元件、工具；恢复现场；无不安全行为	5	1.出现不安全行为，每次扣5分 2.现场未恢复，扣5分；恢复不彻底，扣2分 3.损坏工具，每件扣2分 4.工作单未上交，扣5分			
合计得分							
否定项说明：1.严重违反《国家电网公司电力安全工作规程》；2.违反职业技能鉴定考场纪律；3.造成设备重大损坏；4.发生人身伤害事故。							

考评员：　　　　　　　　　　　　　　　　年　　月　　日

八、项目记录单

直接接入式电能表安装及接线项目记录单如表 8-8 所示。

表 8-8　　直接接入式电能表安装及接线项目记录单

姓名：　　　　　　　　准考证号：　　　　　　　　单位：

<table>
<tr><td colspan="3">计量点名称</td><td colspan="2"></td><td colspan="2">供电所（变电站）</td><td></td></tr>
<tr><td colspan="3">所属线路</td><td colspan="2"></td><td colspan="2">配变容量(kVA)</td><td></td></tr>
<tr><td colspan="8">工　作　内　容</td></tr>
<tr><td rowspan="11">电能表</td><td colspan="2">资产编号</td><td colspan="2"></td><td rowspan="5">负荷终端</td><td>资产号</td><td></td></tr>
<tr><td colspan="2">型号</td><td colspan="2"></td><td>型号</td><td></td></tr>
<tr><td colspan="2">制造厂家</td><td colspan="2"></td><td>制造厂家</td><td></td></tr>
<tr><td colspan="2">额定电压</td><td colspan="2"></td><td>额定电压</td><td></td></tr>
<tr><td colspan="2">额定电流</td><td colspan="2"></td><td>额定电流</td><td></td></tr>
<tr><td rowspan="6">装出示数信息</td><td></td><td>正向有功</td><td>反向有功</td><td colspan="3" rowspan="6"></td></tr>
<tr><td>总</td><td></td><td></td></tr>
<tr><td>尖</td><td></td><td></td></tr>
<tr><td>峰</td><td></td><td></td></tr>
<tr><td>谷</td><td></td><td></td></tr>
<tr><td>平</td><td></td><td></td></tr>
<tr><td rowspan="6">互感器</td><td colspan="2">型　号</td><td></td><td></td><td colspan="3"></td></tr>
<tr><td colspan="2">变　比</td><td></td><td></td><td colspan="3"></td></tr>
<tr><td rowspan="3">资产编号</td><td>U 相</td><td></td><td></td><td colspan="3"></td></tr>
<tr><td>V 相</td><td></td><td></td><td colspan="3"></td></tr>
<tr><td>W 相</td><td></td><td></td><td colspan="3"></td></tr>
<tr><td colspan="2">制造厂家</td><td></td><td></td><td colspan="3"></td></tr>
<tr><td colspan="8">检验人员：　　　　安装人员：　　　　客户签字：
安装日期：　　年　　月　　日</td></tr>
</table>

第九章　瓦秒法粗测电能表误差

电能表的准确计量和人民的生活息息相关，而电能表的误差测试是保证准确计量的重要手段，必须定时对电能表进行校验检查，才能保证电能计量的准确性和可靠性。利用瓦秒法检查电能表的计量准确性是用电检查的日常工作。瓦秒法是快速检查电能表误差的常用方法，本章主要讲解瓦秒法粗测电能表误差的基本步骤和方法，为一线工作人员提供技术指导。

一、培训目标

通过专业理论学习和技能操作训练相结合，使学员学会瓦秒法粗测电能表误差的方法，掌握瓦秒法粗测电能表误差的技术规范要求，熟练掌握瓦秒法粗测电能表误差的操作步骤和计算方法，使学员在实际工作中能快速准确地对电能表准确度进行测量与分析，使客户与公司的利益得到保障。

二、培训方式

理论学习采用以自学为主、问题答疑为辅的方式；实操采用教练现场讲解、演示、模块化练习和学员自由练习的方式。在培训结束时，进行理论考试和实操考核，检验学员学习成果。

为提高学习效率、强化练习效果，将瓦秒法粗测电能表误差模块化讲解、针对性练习，影响测量准确的关键环节给学员进行着重讲解，将整个测量、分析过程细化、分解，教练讲解与学员感受相结合、讲与做相结合，摒弃盲目追求练习时间的错误方式，注重练习技巧和方法的掌握，进行分环节、活模式、开放性指导和富有弹性的练习。运用分解步骤、模块化练习、教练与学员交流的方式，针对性训练找不足，交流方法长经验，固化模式提效率，从方法上要效果，从技巧上提质量。

三、培训设施

培训设施及所需工器具如表 9-1 所示。

表 9-1　　培训工具及器材(每工位)

序号	名称	规格型号	单位	数量	备注
1	电能计量装置接线仿真系统	WT-07F	台	1	现场准备
2	钳形电流表	—	只	1	现场准备
3	秒表	—	只	1	现场准备
4	万用表	—	只	1	现场准备
5	螺丝刀	7 寸平口	把	1	现场准备
6	螺丝刀	7 寸十字	把	1	现场准备
7	斜口钳	—	把	1	现场准备
8	验电笔	500V	支	1	现场准备
9	电能表误差计算表	—	页	若干	现场准备
10	草稿纸	A4	张	若干	现场准备
11	线手套	—	副	1	现场准备
12	科学计算器	—	个	1	现场准备
13	安全帽	—	顶	1	现场准备
14	铅封	—	个	若干	现场准备
15	签字笔(红、黑)	—	支	2	现场准备
16	板夹	—	块	1	现场准备

四、培训时间

瓦秒法计算公式学习 …………………………………… 1.0 学时
设备介绍 ……………………………………………… 1.0 学时
操作讲解、示范 ……………………………………… 2.0 学时
分组技能操作训练 …………………………………… 4.0 学时
模拟测试 ……………………………………………… 2.0 学时
合计：10.0 学时。

五、基础知识点

（一）电能计量装置误差

1. 综合误差

电能计量装置由电能表、计量用电压、电流互感器及其二次回路共同组成。这三部分的误差称为电能计量装置的综合误差。

用公式表示为

$$\gamma=\gamma_h+\gamma_d+\gamma_e \tag{9-1}$$

式中：γ——电能计量装置综合误差；

γ_h——电流、电压互感器引起的综合误差；

γ_d——电压互感器二次回路电压降引起的误差；

γ_e——电能表相对误差。

在运行的条件下，影响电能计量装置的综合误差有很多，如温度的变化、环境磁场的改变、运行电压的高低、电流的大小、功率因数的变化、频率的波动等。

1）互感器的合成误差

由于互感器存在比差和角差，致使电能计量有误差 γ_h，称之为互感器的合成误差。

互感器合成误差不仅和互感器本身的比差、角差有关，还与互感器的

连接方式、一次负载的功率因数有关。

(1)互感器接单相电能表时的合成误差

单相电能表计量时的接线原理图和相量图(感性负载)如图9-1所示。

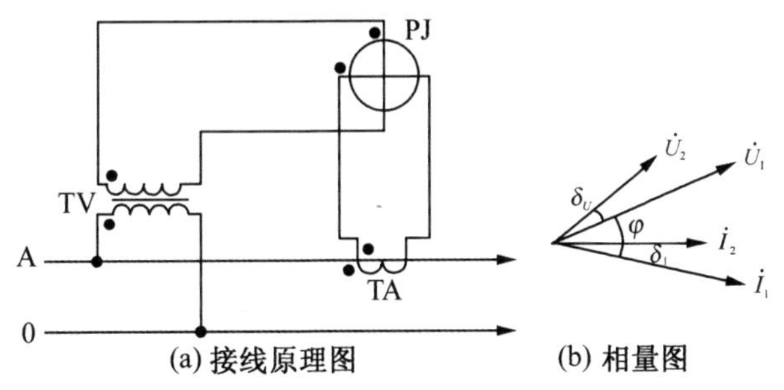

图 9-1　单相有功电能表与互感器接线原理图和相量图

互感器的合成误差为

$$\gamma_{h}=[f_{U}+f_{I}+(\delta_{I}-\delta_{U})\tan\varphi]\times 100\% \tag{9-2}$$

(2)互感器接三相三线电能表时的合成误差

互感器按 V/v 接线,其接线原理图和相量,如图 9-2 所示。

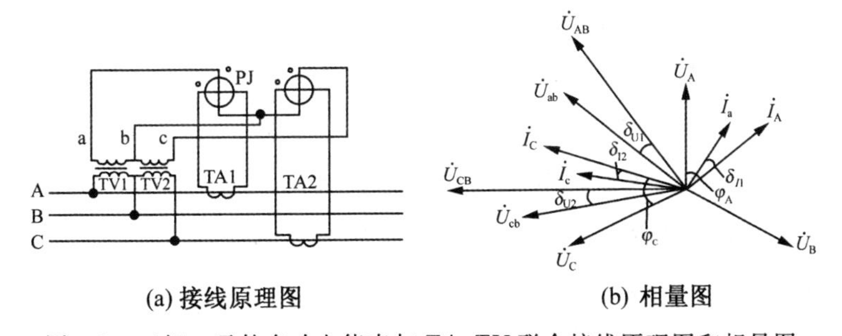

图 9-2　三相二元件有功电能表与 TA、TV 联合接线原理图和相量图

互感器按 YY 接线时,有三只互感器,其转换公式为:

$$f_{U1}=\frac{1}{2}(f_{A}-f_{B})+0.0084(\delta_{A}-\delta_{B}) \tag{9-3}$$

$$f_{U2}=\frac{1}{2}(f_{C}-f_{B})+0.0084(\delta_{C}-\delta_{B}) \tag{9-4}$$

$$\delta_{U1}=\frac{1}{2}(\delta_{A}-\delta_{B})+9.924(f_{A}-f_{B}) \tag{9-5}$$

$$\delta_{U2}=\frac{1}{2}(\delta_{C}-\delta_{B})+9.924(f_{C}-f_{B}) \tag{9-6}$$

互感器的合成误差为

$$\gamma_h = f_1\left(\frac{1}{2}-\frac{1}{2\sqrt{3}}\tan\varphi\right)+0.0291\delta_1\left(\frac{1}{2}\tan\varphi+\frac{1}{2\sqrt{3}}\right)$$

$$+f_2\left(\frac{1}{2}+\frac{1}{2\sqrt{3}}\tan\varphi\right)+0.0291\delta_2\left(\frac{1}{2}\tan\varphi-\frac{1}{2\sqrt{3}}\right)$$

$$=\gamma'_{k1}+\gamma''_{k1}+\gamma'_{h2}+\gamma''_{h2} \quad (9\text{-}7)$$

(3)互感器接三相四线有功电能表时的合成误差

三组元件的合成误差分别为

$$\gamma_{h1}=f_{U1}+f_{I1}+0.0291\delta_1\tan\varphi_1 \quad (9\text{-}8)$$

$$\gamma_{h2}=f_{U2}+f_{I2}+0.0291\delta_2\tan\varphi_2 \quad (9\text{-}9)$$

$$\gamma_{h3}=f_{U3}+f_{I3}+0.0291\delta_3\tan\varphi_3 \quad (9\text{-}10)$$

在三相电路完全对称的情况下：

$$\gamma_h=\frac{1}{3}(\gamma_{h1}+\gamma_{h2}+\gamma_{h3})$$

$$=\frac{1}{3}[f_1+f_2+f_3+0.0291(\delta_1+\delta_2+\delta_3)\tan\varphi] \quad (9\text{-}11)$$

2)二次导线电压降误差

电压互感器二次导线电压降对比差和角差的影响程度与其二次负载的大小、性质及接线方式有关。

电压互感器二次导线电压降产生的误差等同于电压互感器的误差。将测得的电压互感器二次导线的比差和角差代入上述的同类接线的计算公式，即可算出其误差。

以单相电压互感器为例进行说明，其接线图如图 9-3 所示。

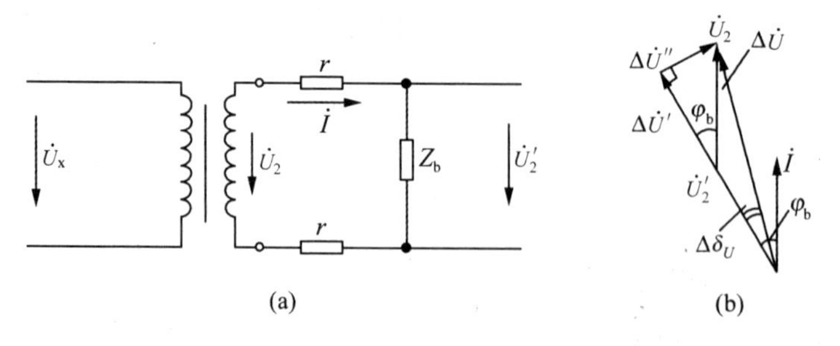

图 9-3　单相电压互感器接线图和相量图

二次导线电压降引起的比差和角差分别为附加复数误差的水平分量和垂直分量，即

$$\Delta f_{U}=-\frac{\Delta U'}{U_{2}}\times 100\%=-\frac{\Delta U\cos\varphi_{b}}{U_{2}}\times 100\%$$

$$=-\frac{2Ir\cos\varphi_{b}}{U_{2}}\times 100\% \qquad (9\text{-}12)$$

$$\Delta\delta_{U}=\frac{\Delta U''}{U_{2}}=\frac{\Delta U\sin\varphi_{b}}{U_{2}}=\frac{2Ir\sin\varphi_{B}}{U_{2}}$$

测出比差和角差后，可代入以下公式进行计算(同单相电能表计量时)，只是 I 项为 0。

$$\gamma_{h}=[f_{U}+f_{I}+(\delta_{I}-\delta_{U})\tan\varphi]\times 100\% \qquad (9\text{-}13)$$

2. 综合误差产生的原因

1)电能表本身的误差和选型不当引起的误差

由于制造工艺等原因，电能表本身允许存在一定的误差，这就需要进行调整。

(1)电能表型号老化。

(2)电能表运行的现场环境恶劣。

(3)检定装置长期不检定或标准表的使用不符合检定要求。

(4)电能表选型不当。

为了确保电能表计量测量电能的准确性，必须根据相关规程要求，科学合理选用最大额定电流、电能表型、基本电流、电压等级以及准确度等级。针对每月平均用电量高于 1000000kW·h 的Ⅱ类高压计费用户，要采用 0.5 级的有功电能表和 2.0 级无功电能表。在实际情况中，如果用户的负荷电流变化幅度相对较大或实际使用电流常常低于电流互感器额定一次电流的 30%，长时间在较低载负荷点运行，可能导致计量误差，应使用宽负载的 S 级电能表。

测量三相四线电能采用三相三线电能表将会产生附加误差，因为三相负载没有达到平衡，中性点一般会有电流存在，而 $I_{b}=I_{n}-I_{a}-I_{c}$，因此，没有电流 I_{b} 所消耗的功率，产生附加误差。

2)互感器引起的误差

(1)互感器使用不当引起的误差

电能表计量的电量是通过电流互感器和电压互感器后的二次电量值,因此,互感器的使用不当也会带来一定的误差。这种误差与以下因素有关:

①互感器的一次电流。由于铁芯磁导率和损耗角都是非线性的,随着一次电流(电压)的增大,铁芯的磁通密度增加,磁导率增大,当一次电流(电压)进一步增大,铁芯将趋向饱和,磁化曲线趋向平坦,互感器一、二次之间不再是线性关系。因此,一次电流(电压)是影响互感器误差的重要因素之一。

②互感器的真实变比和计算用变比不一致,通过计量节点的真实电量可以表示为

$$W=(W_1-W_2)b_1 \tag{9-14}$$

$$b_1=\frac{k_i k_v b}{k_1 k_y} \tag{9-15}$$

式中:W_1——前次抄表读数;

W_2——本次抄表读数;

b_l——实用倍率;

b——电能表的倍率,未标者为1;

k_i,k_v——电流、电压互感器的额定变比;

k_l,k_y——铭牌上标注的电流、电压互感器变比,未标者为1。

从上述两个公式可以看出,当互感器的真实变比与计算电量用的变化不一致时,必然引起计量误差。

(2)电流互感器的选用不当引起的误差

由于一次电流通过电流互感器一次绕组时,要使二次绕组产生感应电动势,必须消耗磁,使铁芯产生磁通。电流互感器的误差是由铁芯所消耗的励磁安匝引起的。电流互感器误差取决于互感器比差、角差,而比差、角差又与外接负载阻抗 z_b、铁芯抗角 α、损耗角电量用 φ 有关。由互感器电流特性曲线,负荷特性曲线误差特二次负荷要控制在25%~100%,一次电流为其额定值的60%左右,至少不得低于30%,才能达到

最优状态，从而降低电流互感器误差。

(3)互感器二次回路压降引起的误差

电压互感器的负载电流通过二次连接导线及串接点的接触电阻时会产生电压降，因此，电能表所测量的电压就不等于实际电压，从而导致测量误差的产生。这部分误差通常比较大，而且不是常数，会随二次负荷、系统运行的功率因数及运行方式等发生变化，需要引起足够的重视。

电压互感器一般装设在室外，而电能表则装设在室内，两者之间通常都有 100m 左右的距离，而且回路中还装有断路器、熔断开关、接线端子等设备，这些设备都有一定的电阻。随着负荷和外界环境的变化、运行时间的增长，这些设备都会老化，从而加大二次回路的电阻，导致二次回路压降引起的误差进一步加大。二次回路压降引起的误差是可以测量的，通常用下式表示

$$\gamma_h = 0.5(f_{AB} + f_{CB}) + 0.0084(\delta_{CB} - \delta_{AB}) - (\delta_{i2} - \delta_{u2}) + 0.289(f_{CB} - f_{AB})\tan\varphi + 0.0145(\delta_{AB} + \delta_{CB})\tan\varphi \tag{9-16}$$

式中：f_{AB}、δ_{AB}——与电能表第一组测量元件相连的电压互感器二次回路压降引起的比差(%)、角差(′)；

φ——功率因数角(°)；

δ_{i2}、δ_{u2}——同一元件的电流互感器和电压互感器的角差。

此外，目前现场使用的电能计量装置中，大多数电压互感器的二次线圈为电能表、保护和运动装置所共用，大大增加了二次负荷，同样会引起较大的误差。

3. 减少误差的方法

1)选择正确的计量方式，减少计量误差

(1)就接入中性点绝缘系统的电能计量装置而言，选择三相三线制电能表，其两台电流互感器二次绕组宜采用四线连接；就三相四线制的电能计量装置而言，其三台电流互感器二次绕组与电能表之间宜采用六线连接，若选择四线连接的话，如果公共线断开或一相电流互感器极性相反，会对计量准确性产生影响，而且在现场进行检验时，采取单相法每相电流互感器二次负载电流和实际负载电流不一致，会使测试工作变得困难，产生测量误差。

(2)要在计费用高压电能计量装置中装设失压计失仪,及时掌握读取失压记录,为计量人员追补电量提供依据。

2)科学合理地选用电流互感器

规定正常负荷电流在电流互感器额定电流的60%左右。季节性用电的用户应选择二次绕组具有抽头的多变比电流互感器,按如下原则进行选择:

(1)确定额定电压。电流互感器的额定电压 U_n 要和被测线路的电压 U_1 相适应。

(2)确定额定变比。一般根据电流互感器所接一次负荷来确定额定一次电流 I_1,即

$$I_1=\frac{P_1}{U_n\cos\varphi} \tag{9-17}$$

式中:U_n——电流互感器的额定电压;

P_1——电流互感器所接的一次电力负荷;

$\cos\varphi$——平均功率因数,通常按 $\cos\varphi=0.8$ 计算。

为确保计量的准确性,选择时应确保正常运行时的一次电流是其额定值的60%左右,至少大于等于30%。由额定一次电流与额定二次电流的比值来决定电流互感器的额定变比。

(3)确定额定二次负荷。若互感器接入的二次负荷比额定二次负荷要大,会造成准确度等级下降。为确保计量的准确性,通常要求电流互感器的二次负荷 S_2 一定要在额定二次负荷 S_{2n}的25%~100%范围内。

(4)确定额定功率因数。计量用电流互感器额定二次负荷的功率因数应为0.8~1.0。

(5)确定准确度等级。按照《电能计量装置技术管理规程》(DL/T 448—2016)中的规定,运行中的电能计量装置根据其所计量电能量的多少以及计量对象的重要程度,划分为Ⅰ、Ⅱ、Ⅲ、Ⅳ、Ⅴ五种,不同类别的电能计量装置对电流互感器准确度等级的要求也不一样。

电能计量装置的综合误差是一个动态数据。要降低综合误差,就要在新投运和改造计量装置的选型上,要求电能表和互感器必须符合《电能计量装置技术管理规程》(DL/T 448—2016)要求,选用适当准确度等级。

互感器合成误差用在额定二次负荷范围内均用准确度来控制。互感器二次回路压降引起的误差在综合误差中比例很大，可通过电能表、互感器的合理选择来补偿，从而降低计量装置的综合误差。

(二)常用误差测试方法

瓦秒法是将电能表反映的功率(有功或无功)与线路中的实际功率比较，以定性判断电能计量装置接线是否正确。它是电能计量装置接线检查中常用的一种检查手段，也是初步判断计量是否准确的常用手段。

瓦秒法的做法是：用一只秒表记录电能表圆盘转 N(r)所需的时间 t(s)或 N 个脉冲所需要的时间 t(s)。然后根据电能表常数(一次或二次常数)求出负载功率，将计算的功率值与线路中负载实际功率值相比较。也可根据电能表常数(一次或二次常数)和负载实际功率计算出电能表圆盘转 N(r)或发出 N 个脉冲所需要的时间 t(s)，然后将计算出的时间与实测时间相比较。

(1)定转测时法。当用固定转数确定测量时间的瓦秒法检定时，电能表的相对误差 γ 为计算式：

$$\gamma=\frac{T-t}{t}\times 100 \tag{9-17}$$

式中：γ——标准功率表或检定装置的已定系统误差(%)；

t——实测时间(s)，即被检表在恒定功率下输出 N 个脉冲时，标准测时器测定的时间；

T——算定时间(s)，即假定被检表没有误差时，在恒定功率下输出 N 个脉冲所需要的时间，公式如下：

$$T=\frac{3600\times 1000N}{C_x K_L K_Y P} \tag{9-18}$$

式中：N——选定的电能表转数或脉冲数；

C_x——被检表的脉冲常数[P/(kW·h)]；

P——恒定功率(W)；

K_L，K_Y——被校准电能表铭牌上标准电流、电压互感器的额定变比，未标注者为 1。

(2)定时测转法。当用固定时间计读转数的瓦秒法检定携带式电能

表时，相对误差计算式为

$$\gamma=\frac{n-n_0}{n_0}\times100\%+\gamma_b \tag{9-19}$$

式中：γ_b——标准电能表法校准装置在运行条件下的一定系统误差；不需更正时为0；

n——实测转数；

n_0——算定转数，即假定被校电能表没有误差时，标准电能表应转的理论转数（每一负载功率下算定转数 n_0 应不少于 $4r$）。

理论转数的计算公式为

$$n_0=\frac{C_x K_L K_Y P t}{3600\times1000} \tag{9-20}$$

六、标准电能表法

将标准电能表测定的电能与被检电能表测定的电能相比较，确定被检电能表的相对误差的方法，称为标准电能表法。

(1)定低频脉冲数比较法。当用被检表输出一定的低频脉冲数(N)并按标准表的方法检定时，被检表的相对误差计算公式为

$$\begin{gathered}\gamma=\frac{W_0-W}{W}\times100+\gamma_0\\ W_0=\frac{3.6\times10^6}{C_0}\times n_0\\ n_0=\frac{C_0\cdot N}{C_L\cdot K_I\cdot K_U}\end{gathered} \tag{9-21}$$

式中：γ_0——标准表或检定装置的已定系统误差(%)，不需更正时为0；

W——实测电能值，标准表累计的电能值；

W_0——算定电能值，被检表没有误差运行下，输出N个低频脉冲时，标准表应累积的电能值(J)；

C_0——标准表的脉冲常数[P/(kW·h)或P/(kW·h)]；

n_0——算定脉冲数；

C_L——被检表的低频脉冲常数[P/(kW·h)]，对安装式表为

C[P/(kW·h)]；

K_I，K_U——标准表外接的电流、电压互感器变比，当没有外接电流、电压互感器时均为1。

(2)高频脉冲预置法。在连续运行的情况下，计读标准表在被检表输出N个低频脉冲时输出的高频脉冲数m，作为实测高频脉冲数，再与算定(或预置)的高频脉冲数相比较，用下式计算被检表的相对误差(%)：

$$\gamma=\frac{m_0-m}{m}\times 100+\gamma_0 \tag{9-22}$$

式中：γ_0——标准表或检定装置的已定系统误差(%)，不需更正时为0；

m——实测高频脉冲数；

m_0——算定(或预置)的高频脉冲数，按下式计算：

$$m_0=\frac{C_{H0}N}{C_L K_I K_U} \tag{9-23}$$

式中：C_{H0}——标准表的高频脉冲常数[P/(kW·h)]；

C_L——被检表的低频脉冲常数[P/kW·h]，对安装式表为C[P/(kW·h)]；

K_I，K_U——标准表外接的电流、电压互感器变比。当没有外接电流、电压互感器，均为1。

注：采用上述方法计算基本误差时，标准表累计的脉冲数应不少于JJG 596—2012规程中表的要求，如表9-2所示。

表9-2　各级标准电能表累计数字

电能表准确度等级	0.02级	0.05级	0.1级	0.2级
最少累计数	50000	20000	10000	5000

七、技能培训步骤

（一）准备工作

1. 工作现场准备

（1）场地准备：必备4个及以上工位，布置现场工作间距不小于1m，各工位之间用栅状遮拦隔离，保持场地清洁。

（2）功能准备：4个及以上工位可以同时进行作业；每工位能够实现瓦秒法粗测电能表误差操作；工位间安全距离符合要求，无干扰；能够保证考评员正确考核。

2. 工器具检查

对进场的工器具进行检查，确保能够正常使用，并整齐摆放于工具车上。工具器材要求质量合格、安全可靠、数量满足需要。

3. 安全措施及风险点分析

1）防触电伤害

（1）使用验电笔前，要进行自检，自检时要摘掉右手手套并不得触及金属部分。

（2）工作前使用验电笔对设备外壳进行验电，确定无电压后方可进行测量工作。

（3）工作时，人体与带电设备要保持足够的安全距离，面部夹角侧面不得小于30°。

2）正确使用仪表

使用万用表、钳形电流表时，进行外观检查并对万用表进行自检。测试时正确选择挡位、量程，防止发生仪表损坏。

3）正确操作

（1）应严格遵守安全操作规程，做好停、送电工作。

（2）操作设备时，不得碰触与作业无关的开关设备。

（3）操作时，要设专人监护。

(二)操作步骤

(1)着装:安全帽(正确佩戴,包括下颌带和后箍松紧适当),工作服(袖口、领口、袋口扣子全部扣好),线手套(整洁),绝缘鞋。准备完毕后报告“X 号工位准备完毕”,如图 9-4 所示。

☞注

未穿工作服、绝缘鞋,未戴安全帽、线手套,每缺少一项扣 2 分;未正确佩戴安全帽,着装不规范,每处扣 1 分。

图 9-4　报告“X 号工位准备完毕”

(2)检查工器具:验电笔、秒表、平口螺丝刀、十字螺丝刀、钳形电流表、科学计算器、签字笔、板夹应合格、齐备。检查过程中口述“××检查合格”,如图 9-5 和图 9-6 所示。

图 9-5　检查秒表

☞注

工器具齐全，每缺少一件扣 2 分；工器具不符合有关要求，每件扣 1 分；工器具未检查，每件扣 2 分。

图 9-6　检查验电笔

(3)将钳形电流表红线插入红孔，黑线插入黑孔，并将钳形电流表开关打开，将旋转按钮转到蜂鸣挡，进行自检，听到蜂鸣声，检查合格，如图 9-7 和图 9-8 所示。

图 9-7　插线组装电流表

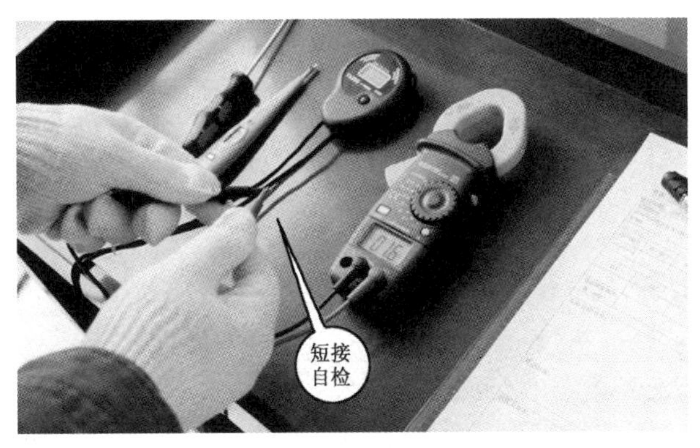

图 9-8　短接自检

(4)先在电源上检测验电笔性能是否合格，如图 9-9 所示，再用验电笔进行柜体及柜门验电，确认无电后，报告考评员，经同意后，再打开柜门。

☞注

工作前未验电扣 5 分，验电不正确扣 3 分。

图 9-9　检测验电笔合格性

柜体及柜门验电如图 9-10 和图 9-11 所示。

图 9-10　柜体验电

图 9-11　柜门验电

(5)拆卸虚拟表尾盖,如图 9-12 所示。

图 9-12　拆卸虚拟表尾盖

记录电能表相关参数,如图 9-13 所示。参数包括用户编号、电能表出厂编号、电能表型号、电能表生产厂家、电能表电流规格、电能表电压规格、电能表常数、电能表等级。

图 9-13　记录电能表相关参数

(6)将钳形电流表功能挡调到最大电流挡,如图 9-14 所示,测量电流,记录数据。如示数过小,需将电流挡调到合适挡位,再测一遍。分别测量三相电流并作好记录,要求记录准确、字迹清晰、卷面整洁。

☞注

不能正确使用钳形电流表扣 5 分,挡位、量程选择错误每次扣 2 分;漏填、错填、测错数据,每处扣 2 分;卷面每涂改一处扣 1 分。

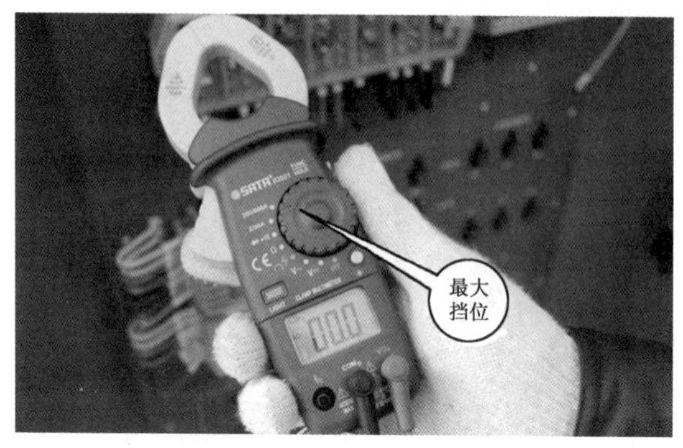

图 9-14　电流最大挡位

测量量程过大，示数过小，需调整挡位，如图 9-15 和图 9-16 所示，再次测量，示数正确（见图 9-17）之后依次测量三相电流。

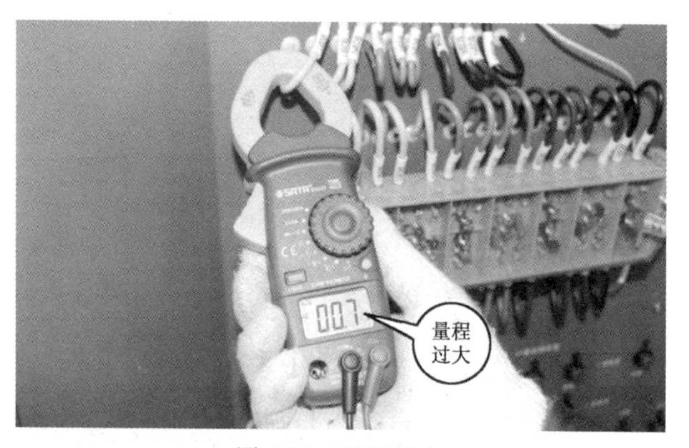

图 9-15　量程过大

图 9-16　调整合适挡位

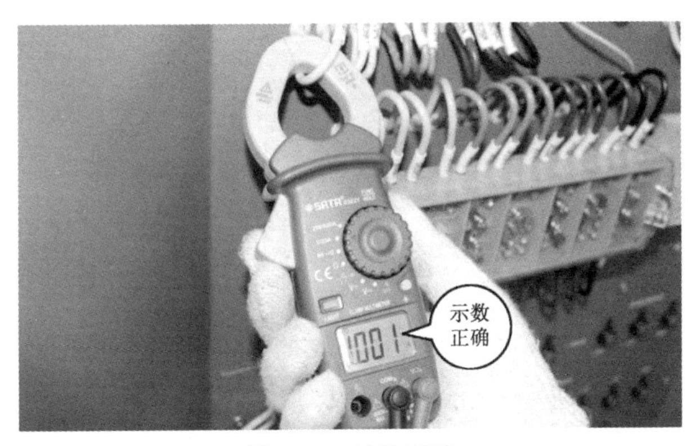

图 9-17　示数正确

(7)将钳形电流表功能挡调到电压最高挡，如图 9-18 所示。将黑表笔接触电能表零线端子，将红表笔接触电压端子，如图 9-19 所示，并记录下数据。

图 9-18　电压最高挡

图 9-19　正确放置表笔

分别检测三相电压示数，如图 9-20 所示。

图 9-20　逐相检测

（8）首先将秒表清零，按下秒表，观察电能表的转盘（指示灯），如图 9-21所示，记录下转盘转动的圈数（指示灯闪烁次数）及秒表的时间（为了准确，圈数应大于 5）。

☞注

不能正确使用秒表扣 5 分，使用前没有清零扣 2 分。

图 9-21　调整秒表开始计时

眼睛盯着电能表指示灯，观察闪烁次数，精确计数，如图 9-22 所示。

图 9-22　精确计数

(9)测量结束后,安装虚拟表尾盖,收好仪表,关上柜门,如图 9-23 所示。

图 9-23　安装虚拟表尾盖

清点整理工器具,看是否遗漏柜内,如图 9-24 所示。

图 9-24　清点工器具

确认无误后，关上柜门，如图 9-25 所示。

图 9-25　关上柜门

（10）熟练运用公式进行电能表误差计算（见图 9-26），将计算出来的结果与所测电能表精度进行比较，得出结论。

注

功率表达式缺少或错误扣 10 分；功率计算错误扣 10 分；时间或指示灯闪烁次数（转数）测量错误每项扣 5 分；理论时间计算缺少公式或公式错误扣 10 分；理论时间计算错误扣 10 分；电能表误差公式缺少或错误扣 10 分；电能表误差计算错误扣 10 分，误差值偏差超过 5% 扣 5 分；卷面每涂改一处扣 1 分。

计算过程如下：

首先计算电能表实际负荷功率 P。

$$P=U_1I_1\cos\varphi_1+U_2I_2\cos\varphi_2+U_3I_3\cos\varphi_3 \tag{9-24}$$

式中：P——总功率；

U_1, U_2, U_3——1、2、3 相电压；

I_1, I_2, I_3——1、2、3 相电流；

$\cos\varphi_1, \cos\varphi_2, \cos\varphi_3$——1、2、3 相功率因数。

然后计算理论时间 T。

$$T=\frac{3600\times1000N}{CP} \tag{9-25}$$

最后计算电能表误差 γ。

$$\gamma=\frac{T-t}{t}\times 100\% \tag{9-26}$$

图 9-26　精确计算结果

常用有功电能表有 0.5、1.0、2.0 三个准确度等级。0.5 级电能表允许误差在±0.5%以内；1.0 级电能表允许误差在±1%以内；2.0 级电能表允许误差在±2%以内。

(三)工作结束

工器具、仪表、设备归位。清理恢复现场，报告“现场已恢复，工作结束”，如图 9-27 所示。填写考核记录表并离场，考核记录表如图 9-28 所示。要求不得出现工器具损坏及不安全行为。

☞注

出现不安全行为，每次扣 5 分；作业完毕，现场不恢复扣 5 分，恢复不彻底扣 2 分；损坏工器具，每件扣 5 分。

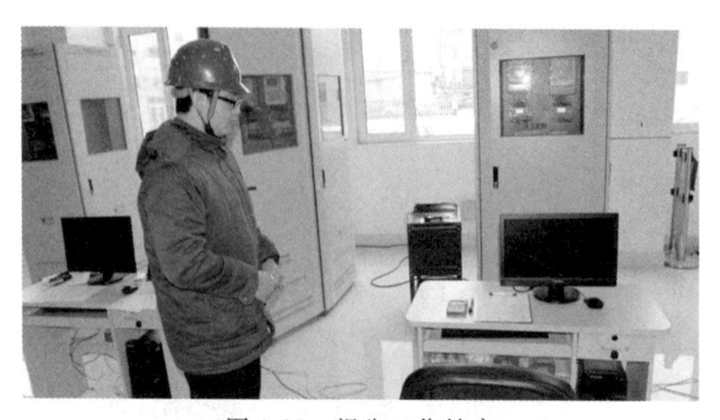

图 9-27　报告工作结束

农网配电营业工（五级）

操作技能培训考核标准化项目（五级）考核记录表

准考证号：××　　姓名：××　　工作单位：××

项目名称：瓦秒法粗测电能表误差

试题背景： 该客户用电性质为一般工商业用户，计量方式为高供低计，接线方式为三相四线制，现场功率因数为 0.90。							
一、电能表信息							
用户编号	出厂编号	型号	生产厂家	电流规格	电压规格	常数	等级
********	[illegible]	DTZ188	宁波三星	3×1.5(6)A	[illegible]	6400	1.0

二、检测电能表参数					
U_1	U_2	U_3	I_1	I_2	I_3
217	217	217	0.440	0.443	0.479
设定测量脉冲数（imp）	10		所用时间（s）	5.41	

三、计算过程

实际负荷功率：

$$P=U_1I_1\cos\varphi+U_2I_2\cos\varphi+U_3I_3\cos\varphi$$
$$=217\times0.440\times0.90+217\times0.443\times0.90+217\times0.479\times0.90$$
$$\approx 578.48W$$

理论时间：

$$T=\frac{3600\times1000\times N}{C\cdot P}=\frac{3600\times1000\times10}{6400\times578.48}\approx5.72s$$

四、误差判断

电能表误差：

$$\gamma=\frac{T-t}{t}\times100\%=\frac{5.72-5.41}{5.41}\times100\%\approx5.73\%$$

误差判断：该电能表等级为1.0，误差在±1%为合格，实际误差为5.73%，说明电能表超差。

图 9-28　考核记录表

八、技能等级认证标准

瓦秒法粗测电能表误差考核评分记录表如表 9-3 所示。

表 9-3　　　　瓦秒法粗测电能表误差考核评分记录表

姓名：　　　　　　　　准考证号：　　　　　单位：　　　时间要求：30min

序号	项目评分	考核要点	配分	标准	得分	扣分	备注
1	工作准备						
1.1	着装穿戴	1. 穿工作服、绝缘鞋 2. 戴安全帽、线手套	5	1. 未穿工作服、绝缘鞋，未戴安全帽、线手套，每缺少一项扣 2 分 2. 为正确佩戴安全帽，着装不规范，每处扣 1 分 3. 本项扣完为止			
1.2	检查工器具	工器具齐全，符合使用要求	5	1. 工器具齐全，每缺少一件扣 2 分 2. 工器具不符合有关要求，每件扣 1 分 3. 工器具未检查，每件扣 2 分 4. 本项扣完为止			
2	工作过程						
2.1	测量	验电	5	工作前未验电扣 5 分，验电不正确扣 3 分			
		正确使用秒表	5	不能正确使用秒表扣 5 分，使用前没有清零扣 2 分			
		1. 正确使用钳形电流表、万用表 2. 数据记录 3. 卷面整洁无涂改	25	1. 不能正确使用万用表扣 5 分，挡位、量程选择错误，每次扣 2 分 2. 不能正确使用钳形电流表扣 5 分，挡位、量程选择错误扣，每次 2 分 3. 漏填、错填、测错数据，每处扣 2 分 4. 卷面每涂改一处扣 1 分			

续表

序号	项目评分	考核要点	配分	标准	得分	扣分	备注
2.2	误差计算	熟练运用公式计算出电能表误差	50	1.功率表达式缺少或错误扣10分 2.功率计算错误扣10分 3.时间或指示灯闪烁次数（转数）测量错误，每项扣5分 4.理论时间计算缺少公式或公式错误扣10分 5.理论时间计算错误扣10分 6.电能表误差公式缺少或错误扣10分 7.电能表误差计算错误扣10分，误差值偏差超过5%扣5分			
3	工作终结验收						
3.1	安全文明生产	汇报结束前，所用工器具放回原位，摆放整齐；无损坏元件、工具；恢复现场；无不安全行为	5	1.出现不安全行为每次扣5分 2.作业完毕，现场不恢复扣5分、恢复不彻底扣2分 3.损坏工器具，每件扣5分			
合计得分							
否定项说明：1.违反《国家电网公司电力安全工作规程(配电部分)》;2.违反职业技能鉴定考场纪律;3.造成设备重大损坏;4.发生人身伤害事故。							

考评员：　　　　　　　　　　　　　　　　　　　年　　月　　日

第十章　经电流互感器接入式低压三相四线电能表安装及接线

三相四线电能计量装置安装与接线主要分两种:一是直接接入式,二是经电流互感器接入式。本章主要围绕经电流互感器接入式电能计量装置安装与接线展开。核心知识点是三相四线电能计量装置接线原理、电流互感器的接线方式和试验接线盒的功能,关键技能项是经电流互感器接入式三相四线电能计量装置接线及工艺。

一、培训目标

采用专业理论学习和现场技能操作演练与训练相结合的方式,让学员了解经 TA 接入式低压三相四线电能表安装接线基础知识、操作步骤和工艺要求,熟练掌握经 TA 接入式低压三相四线电能表安装操作要领、作业流程、布线方法、操作步骤及安全防护。

二、培训方式

理论学习采取以自学为主、问题答疑为辅的方式;实操采用教练现场讲解、接线演示、模块化练习和学员自由练习的方式。在培训结束时,进行理论考试和实操考核,检验学员学习成果。

为提高学习效率、强化练习效果，将三相四线电能表安装接线模块化讲解、针对性练习，裁线方法、弯线手法、距离测量走线方式等环节给学员进行着重讲解，将整个安装过程（大到总体布局，小到插线方式）细化、分解，电流表接线、电压引线、互感器布线接线分模块训练，教练讲解与学员感受相结合、讲与做相结合，摒弃盲目追求练习时间的错误方式，注重练习技巧和方法的掌握，进行分环节、活模式、开放性的指导和富有弹性的练习。运用分解步骤、模块化练习、教练与学员交流的方式，针对性训练找不足，交流方法长经验，固化模式提效率，从方法上要效果，从技巧上提质量。

三、培训设施

培训设施及所需工器具如表 10-1 所示。

表 10-1　　培训工器具及材料（按工位配备）

序号	名称	规格型号	单位	数量	备注
1	高供低计电能计量装置安装模拟装置	—	套	1	—
2	智能电能表	3×220/380V，3×1.5(6)A	只	1	—
3	电流互感器	150/5A	只	3	—
4	试验接线盒	—	只	1	—
5	单股铜芯线	2.5mm^2	盘	若干	黄色、绿色、红色、蓝色
6	单股铜芯线	4mm^2	盘	若干	黄色、绿色、红色
7	尼龙扎带	3×150mm	包	1	—
8	秒表		只	1	—
9	卷尺	—	把	1	—
10	板夹	—	个	1	—
11	万用表	—	只	1	—
12	验电笔	10kV	支	1	—

续表

序号	名称	规格型号	单位	数量	备注
13	验电笔	500V	支	1	—
14	封印	—	粒	若干	黄色
15	急救箱	—	只	1	—
16	交流电源	3×220/380V	处	1	—
17	通用电工工具	—	套	1	—

四、培训时间

理论基础知识 …………………………………………… 1.0 学时
裁线、接线、布线常用方法 ………………………… 1.0 学时
操作讲解和示范 ……………………………………… 1.0 学时
模块化技巧方法讲解 ………………………………… 1.0 学时
学员自由训练(模块化和综合练习) ……………… 6.0 学时
实操考核 ……………………………………………… 2.0 学时
合计:12.0 学时。

五、基础知识点

(一)互感器

为了保证电力系统安全经济运行,必须对电力设备的运行情况进行监视和测量。但一般的测量和保护装置不能直接接入一次高压设备,而需要将一次系统的高电压和大电流按比例变换成低电压和小电流,供给测量仪表和保护装置使用。执行这些变换任务的设备中最常见的就是互感器。

互感器分为进行电流转换的电流互感器和进行电压转换的电压互感器。在电能计量装置中,互感器的主要作用有以下几点:

(1)将高电压变为低电压(100V)，大电流变为小电流(5A,1A)。

(2)使测量二次回路与一次回路高电压和大电流实施电气隔离，以保证测量工作人员和仪表设备的安全。

(3)采用互感器后可使仪表制造标准化，而不用按被测量电压高低和电流大小来设计仪表。

(4)取出零序电流、电压分量供反应接地故障的继电保护装置使用。

电流互感器按用途可分为测量电流、电能等用的测量用互感器和继电保护和自动控制用的保护控制用互感器；按一次绕组匝数可分为单匝式和多匝式；按安装地点可分为户内式和户外式；按绝缘方式可分为干式、浇注式、油浸式等；按工作原理可分为电磁式、光电式、电子式等。电压互感器根据用途分为测量用电压互感器和保护用电压互感器；根据安装地点分为户内型电压互感器和户外型电压互感器；根据电压变换原理分为电磁式电压互感器、电容式电压互感器、光电式电压互感器，常用的有电磁式和电容式；根据结构分为一次绕组和二次绕组均绕在同一个铁芯柱上的单级式电压互感器和一次绕组分成匝数相同的几段，各段串联起来，一端子连接高压电路，另一端子接地的串级式电压互感器。

1. 电流互感器

1)基本结构与工作原理

基本结构与普通变压器相似，由两个绕制在闭合铁芯上彼此绝缘的绕组(一次绕组和二次绕组)组成，其匝数分别为 N_1 和 N_2，如图 10-1(a)所示。一次绕组与被测电路串联，二次绕组与各种测量仪表或继电器的电流线圈串联。

电流互感器是按电磁感应原理工作的。当一次侧流过电流 $\dot{I}_1$ 时，在铁芯中产生交流磁通，此磁通穿过二次绕组，产生电动势，在二次回路中产生电流 $\dot{I}_2$，根据能量守恒定律，忽略励磁损耗后，一次与二次要有相等的磁势，所以 $\dot{I}N_1=\dot{I}_2N_2$，把 $\dot{I}_1/\dot{I}_2$ 称为变比，用 K_i 表示，即

$$K_i=\dot{I}_1/\dot{I}_2=N_2/N_1 \tag{10-1}$$

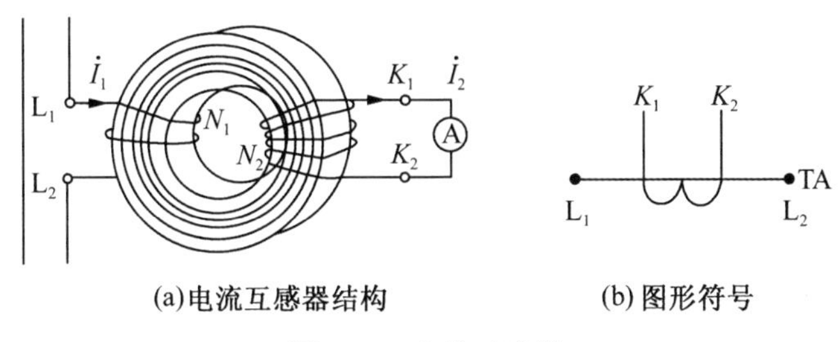

(a)电流互感器结构　(b)图形符号

图 10-1　电流互感器

电流互感器与普通变压器在原理上比较,具有以下不同点:

(1)电流互感器一次电流的大小取决于一次负载电流,与二次电流大小无关,而变压器一次电流的大小随二次负荷电流的变化而变化。

(2)电流互感器二次绕组所接仪表的阻抗很小,故在正常运行时二次绕组近似于短路工作状态。而变压器的二次绕组是不允许短路运行的,如果短路就会烧坏电力变压器。

(3)运行中的电流互感器二次回路不允许开路,否则由于一次电流全部变成励磁电流,使铁芯骤然饱和,铁芯中的磁通严重饱和,会引起:

①二次侧将产生高电压,对二次绝缘构成威胁,对设备和人员产生危险。

②使铁芯损耗增加,发热严重,烧坏绝缘。

③将在铁芯中产生剩磁,使互感器的比差、角差、误差增大,影响计量准确度。

2)主要参数

电流互感器的型号规定,如图 10-2 所示。

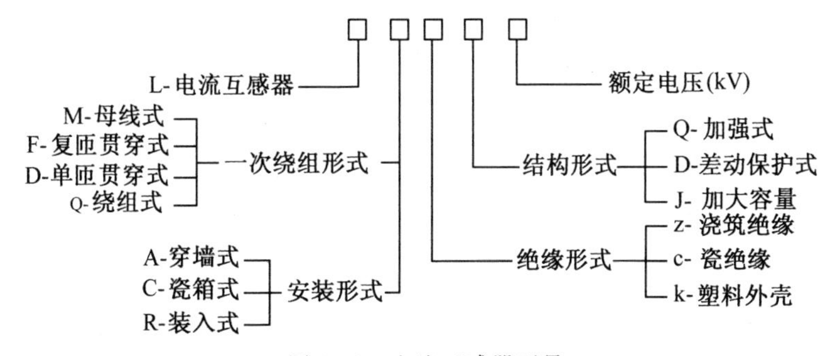

图 10-2　电流互感器型号

(1)额定电压

电流互感器的额定电压是指一次绕组对地或对二次绕组长期能承受的最大绝缘电压值，而不是指一次绕组两端所加的电压。

(2)额定电流和额定电流比

一次额定电流是指电流互感器一次绕组允许通过的最大长期工作电流。采用的一次额定电流为：5A、10A、15A、20A、30A、50A、75A、100A、150A、200A、300A、400A、600A、800A、1000A、1200A、1500A 等。二次额定电流是指电流互感器额定输出的二次电流。电力系统采用的二次额定电流为：5A、1A。1A 规格主要用于高压系统。当电流互感器至电能表距离较长时，采用二次额定电流为 1A 的电流互感器，以减小二次回路阻抗压降。

额定变比 K_i 等于一次额定电流 I_{1N} 与二次额定电流 I_{2N} 之比，即

$$K_i=\frac{I_{1N}}{I_{2N}} \tag{10-2}$$

(3)准确等级

电流互感器准确度等级是指在规定的二次负荷范围内，一次电流为额定值时的最大误差限值。测量用电流互感器的准确度有：0.2、0.5、1.3 级。计量中常用的等级有：0.2、0.5、1 级。

(4)额定负荷

额定负荷指电流互感器在二次额定电流 I_{2N} 和二次额定负载 Z_{2N} 下运行时，二次绕组输出的容量，即

$$S_{2N}=I_{2N}^2Z_{2N} \tag{10-3}$$

按照标准规定，对于二次额定电流为 5A 的电流互感器，额定容量有 5VA、10VA、15VA、20VA、25VA、30VA、40VA、50VA、60VA、80VA、100VA。

电流互感器在使用中，二次接线及仪表电流线圈的总阻抗不能超过额定容量，否则准确度等级要降低。

3)电流互感器的极性标志

(1)单电流比电流互感器的极性标志：一次绕组首端标示为 L_1，末端为 L_2，二次绕组首端为 K_1，末端为 K_2，K_1 和 L_1、L_2 和 K_2 为同极性端。

2)对于具有多个二次绕组的电流互感器,两个绕组分别绕在各自的铁芯上,应分别在各个二次绕组的出线端 K 前加上数字,如图 10-3 所示。

3)多量限一次绕组带有抽头:首端为 L_1,以后依次为 L_2、L_3 等;二次绕组带有抽头时,首端为 K_1,以后依次为 K_2、K_3 等。如图 10-4 所示。

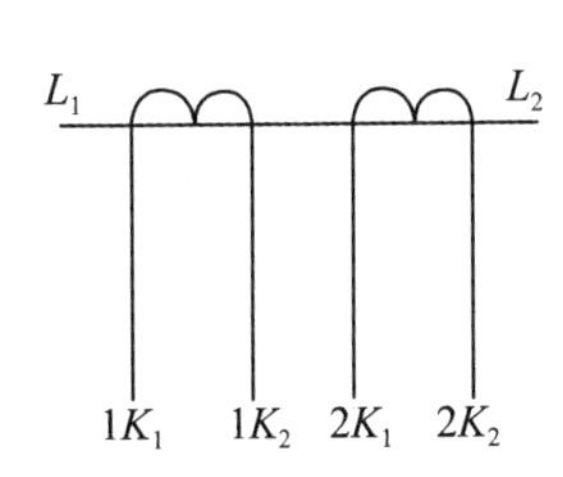

图 10-3　具有多个二次绕组的电流互感器

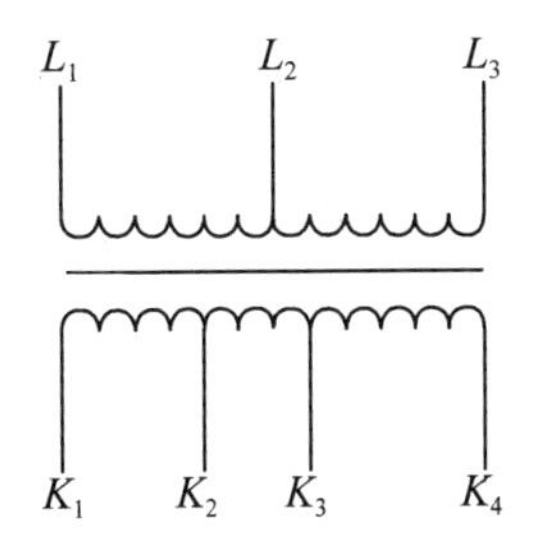

图 10-4　带有抽头的电流互感器

互感器的极性对电能计量装置的正确运行有着巨大影响。目前,我国计量用互感器大多采用减极性。那么,什么是减极性呢?

如图 10-5 和图 10-6 所示,如从互感器一次绕组的一个端子与二次绕组的一个端子观察,电流 $\dot{I}_1$、$\dot{I}_2$ 的瞬时方向是相反的,也就是一次瞬时电流流入互感器时,二次瞬时电流从互感器流出,这样的极性关系就称为减极性。凡符合减极性特性的相对应的一、二次侧端钮为同级性端。

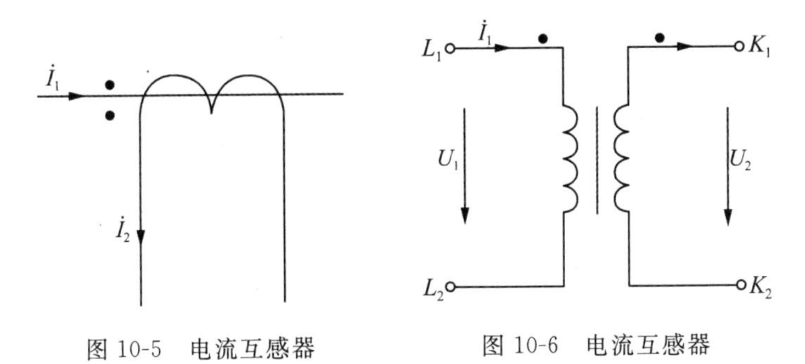

图 10-5　电流互感器

图 10-6　电流互感器

电流互感器一次侧 L_1 为电流进线端,L_2 为出线端;由减极性定义可知,电流互感器二次侧 K_1 为电流出线端,K_2 为电流进线端。

2. 电压互感器

1)结构和工作原理

电压互感器的工作原理、结构和接线方式与普通变压器相似,同样是由相互绝缘的一次、二次绕组绕在公共的闭合铁芯上组成,如图 10-7 所示。其主要区别是二者的容量不同,且电压互感器是在接近空载的状态下工作的。

电压互感器一次绕组与被测电压并联,二次绕组与各种测量仪表或继电器的电压线圈相并联。电压互感器在电气图中文字符号用 TV 表示。

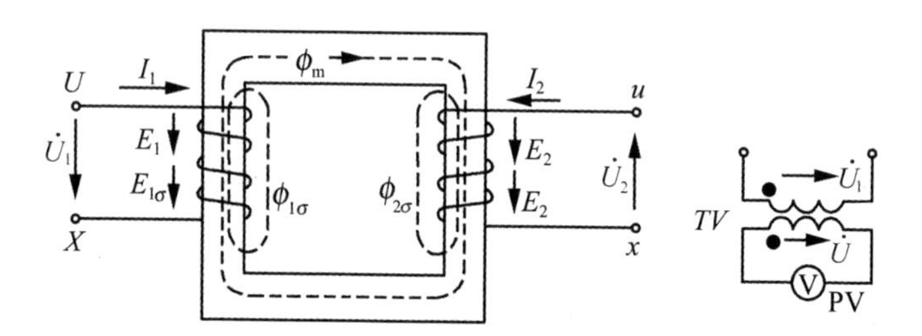

图 10-7 电压互感器结构原理图和电气图符号

在理想情况下,$\frac{U_1}{U_2}=\frac{N_1}{N_2}$,把$\frac{U_1}{U_2}$称为变比,用 K_u 表示。

$$K_u=\frac{U_1}{U_2}=\frac{N_1}{N_2} \tag{10-4}$$

电压互感器与普通变压器相比具有以下特点:

(1)一次电压取决于一次电力网的电压,不受二次负载的影响。

(2)正常运行时,电压互感器二次绕组近似工作在开路状态。

(3)运行中的电压互感器二次侧绕组不允许短路。

2)主要技术参数

电压互感器全型号含义,如图 10-8 所示。

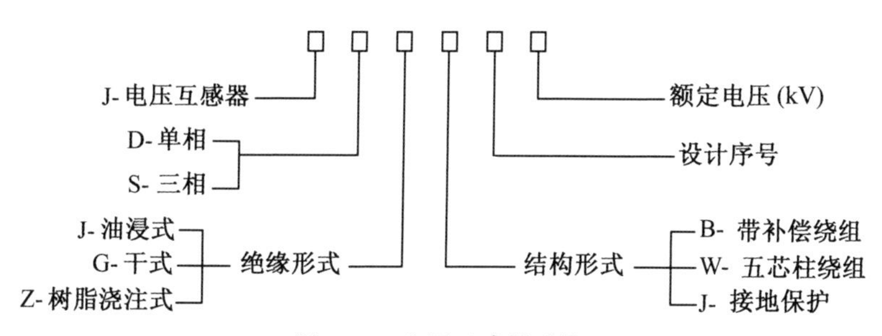

图 10-8　电压互感器型号

(1)额定电压和额定变比

额定一次电压是电压互感器输入一次回路的额定电压。一次绕组采用V形接线时电压互感器额定一次电压等于系统的电压;一次绕组采用Y形接线时电压互感器额定一次电压等于系统的电压 $1/\sqrt{3}$。

额定二次电压是电压互感器二次回路输出的额定电压。二次绕组采用Y形接线时额定二次电压为 $100/\sqrt{3}$V;二次绕组采用V/v形接线时为100V。

额定变比 K_u 等于一次额定电压 U_{1N} 与二次额定电压 U_{2N} 之比,即

$$K_u=\frac{U_{1N}}{U_{2N}} \tag{10-5}$$

(2)准确度等级

电压互感器的准确度等级是对电压互感器所指定的误差等级。在规定的使用条件下,电压互感器的误差应在规定的范围内。测量用电压互感器的准确度等级有:0.2、0.5、1、3级。

(3)额定二次负荷

电压互感器的额定二次负荷是在额定电压和额定负荷下运行时二次绕组所输出的视在功率(VA)。

额定负荷容量 S_{2N} 与额定负荷导纳 Y_N 之间的关系为

$$S_{2N}=U_{2N}^2Y_N \tag{10-6}$$

对于电力系统采用的电压互感器,额定二次电压 $U_{2N}=100$V,因此有

$$S_{2N}=100^2\times Y_N \tag{10-7}$$

要求在某准确度级下测量时,二次负载不应超过该准确度级规定的容量,否则准确度级下降,测量误差就满足不了要求。

(4)额定二次负荷的功率因数

互感器二次回路所带负载的额定功率因数即额定二次负荷的功率因数。

3)电压互感器的极性标志

(1)单相电压互感器标志：一次侧首端 U_1，末端 U_2，二次侧首端 u_1，末端 u_2。

(2)三相电压互感器标志：一次侧以大写字母 U、V、W、N 作为各相标志，二次侧以小写字母 u、v、w、n 作为各相标志，如图 10-9 所示。

(3)具有多个二次绕组时，分别在各个基本二次绕组的出线标志前加注数字，如 1u、1v、1w、1n、2u、2v、2w、2n 等，辅助二次绕组标为 u1A、u2A。

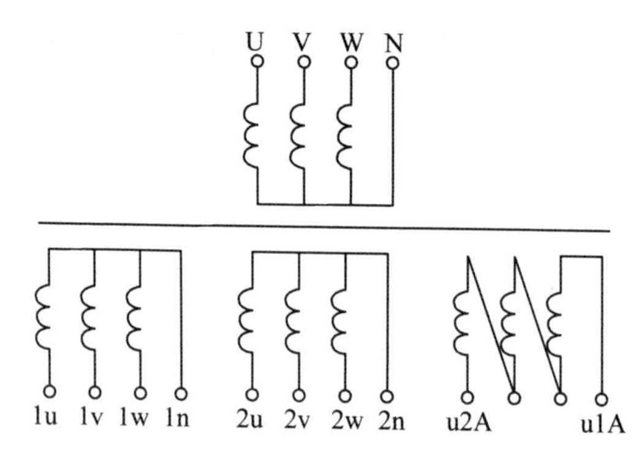

图 10-9　具有多个二次绕组的电压互感器

4)电容式电压互感器

(1)电容式互感器的作用与特点

电容式电压互感器简称 TVC。在 110kV 及以上的高压电力系统中，通常采用 TVC 作电压、功率测量，还可通过电容式电压互感器进行载波通信。由于具有误差调整方便、灵活，绝缘可靠性高，耦合电容器耐雷电冲击能力强，运行中不需要定期检修，维护工作量小，绝缘易监测，成本低等特点，TVC 成为 110kV 及以上电压互感器推广应用的方向。

(2)电容式电压互感器的基本工作原理

TVC 主要由电容分压器和电磁装置组成。TVC 的工作原理就是利用串联电容分压，高电压加在整个分压器上，再从分压器的分压元件上按比例取出高电压的一部分作为输出电压。电容分压器原理如图 10-10 所示。

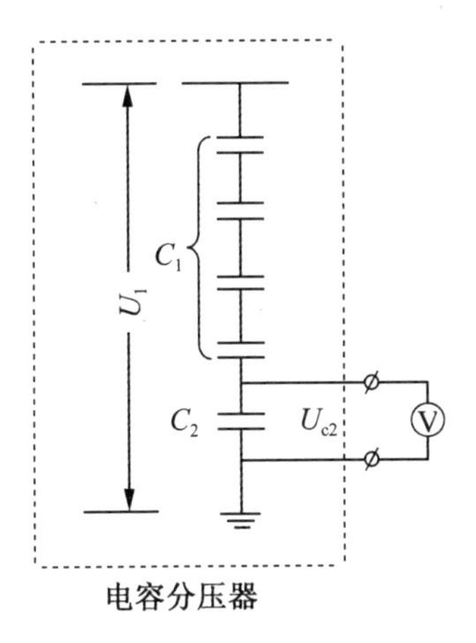

图 10-10 电容分压器原理图

其中主电容 C_1、分压电容 C_2 串联接于高压相线与地之间。

如果系统相电压为 U_1，则分压电容 C_2 上的电压为

$$U_{C_2}=\frac{C_1}{C_1+C_2}U_1=KU_1 \tag{10-8}$$

分压比为

$$K=\frac{C_1}{C_1+C_2} \tag{10-9}$$

电磁装置包括中间变压器、补偿电抗器和谐振阻尼器，原理如图 10-11所示：

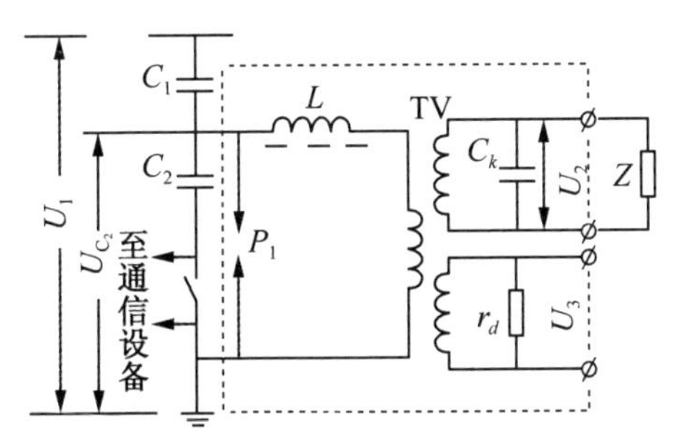

C_1—主电容 C_2—分压电容 C_k—补偿电容

L—补偿电抗器 r_d—阻尼电阻 TV—电压互感器；P_1—发电间隙

图 10-11 电压互感器原理接线图

高压电容 C_1 和中间电容串联构成分压器，将系统的高压 U_1 降为某一中间电压 U_2，加到中间变压器 T 的一次绕组，通过变压器降为额定的 $100/\sqrt{3}$V 和 100V 两种电压输出，再供测量仪表和继电保护使用。

3. 互感器的使用注意事项

1)电流互感器使用注意事项

(1)极性连接要正确。电流互感器的极性一般是按减极性标注的。接线时如果极性连接不正确，不仅会造成计量错误，而且当同一线路有多个电流互感器并联时，还可能造成短路故障。

(2)运行中二次侧不允许开路，以确保人身和设备的安全，如需校验或更换 TA 二次回路的测量仪表时，应先用铜片将 TA 的二次接线端钮短接。

(3)二次侧要可靠接地，以防止一次、二次绕组绝缘击穿时高压窜入二次，从而危及人身安全和损坏设备。

2)电压互感器使用注意事项

(1)在接线时，按相序进行接线并要注意端子的极性。

(2)电压互感器二次侧必须可靠接地，以防止电压互感器一、二次侧之间绝缘击穿，高电压窜入低压侧造成人身伤亡或设备损坏。

(3)运行中二次绕组不允许短路。由于正常运行时二次负载的阻抗很大，基本相当于电压互感器在空载状态下运行，二次回路的电流很小。当电压互感器二次短路时，二次的电流很大，会损坏电压互感器线圈绝缘，以致无法使用，甚至会使事故扩大到使一次线圈短路，影响电力系统的正常运行。

(二)三相四线计量装置原理

1. 经 TA 接入三相四线电能表的计量原理

在低压三相电路中，各相负载电流大于 50A 时，为避免电流接线端子因过热而烧损，电流线路应经过电流互感器串联在电力线路中。三相四线电能表经电流互感器接线的原理如图 10-12 所示。

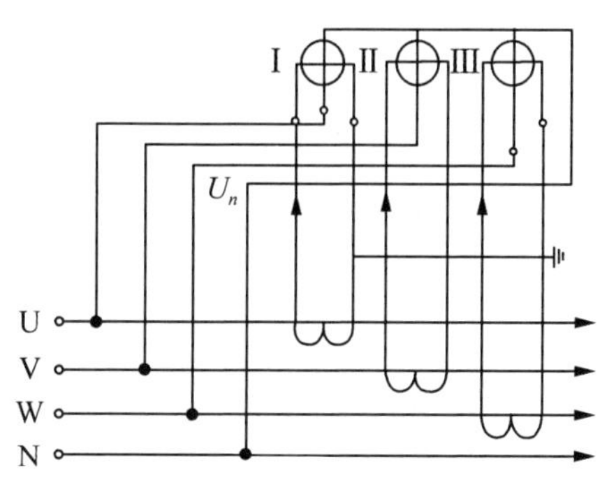

图 10-12　三相四线电能表经 TA 接线原理图

2. 经 TA 接入三相四线电能表的准确计量

采用三相四线直接接入式电能表，要保证计量准确，首先，应选择合适的电能表，其额定电流应等于或略大于负载电流。其次，使用前应确认电压端子连接片已连接好，无接触不良。因接有电流互感器，所以在进行电流线连接的时候，一定要注意互感器极性，保证电流进线和出线接线正确，否则将造成电能表不转、返转或计量不准。

3. 经 TA 接入三相四线电能表的电能计量

三相四线电路可看成是由三个单相电路构成的，因此，可用一只三相四线有功电能表(即三个驱动元件)或三只相同规格的单相电能表来测量三相四线电路有功电能。原理接线如图 10-10 所示。其平均功率 P 等于各相有功功率之和，即

$$\begin{aligned}P &= P_U + P_V + P_W \\ &= U_U I_U \cos(\dot{U}_U \wedge \dot{I}_U) + U_V I_V \cos(\dot{U}_V \wedge \dot{I}_V) \\ &\quad + U_W I_W \cos(\dot{U}_W \wedge \dot{I}_W) \\ &= U_U I_U \cos\varphi_U + U_V I_V \cos\varphi_V + U_W I_W \cos\varphi_W\end{aligned} \tag{10-10}$$

式中：U_U, U_V, U_W——三相电压(V 或 kV)；

I_U, I_V, I_W——三相电流(A)；

$\varphi_U, \varphi_V, \varphi_W$——各相电压与各相电流之间的相位角。

无论三相电路是否对称，上述公式均可成立。

当三相电路完全对称时，即：

$$U_U = U_V = U_W = U_P, I_U = I_V = I_W = I, \varphi_u = \varphi_v = \varphi_w = \varphi$$

三相四线有功电能表测得的总功率为：

$$\begin{aligned} P &= P_U + P_V + P_W \\ &= U_U I_U \cos\varphi_U + U_V I_V \cos\varphi_V + U_W I_W \cos\varphi_W \\ &= 3U_P I \cos\varphi \end{aligned} \tag{10-11}$$

式中：U_P——相电压（V或kV）；

I——相电流（A）；

φ——相电压与相电流之间的相位角，即功率因数角。

（三）接线工艺和质量控制

1. 选取、整理电压二次回路导线

《电能计量装置安装接线规则》（DL/T 825—2002）中要求：电压互感器二次回路导线截面积应根据导线压降不超过允许值进行选择，但其最小截面积不得小于2.5mm^2。

1）选取电压线及零线

选取2.5mm^{2}黄色、绿色、红色和黑色多股软铜线各一根，分别是U、V、W相电压二次回路导线和零线，如图10-13所示。检查导线绝缘皮有无破损现象，若有破损现象应更换导线。

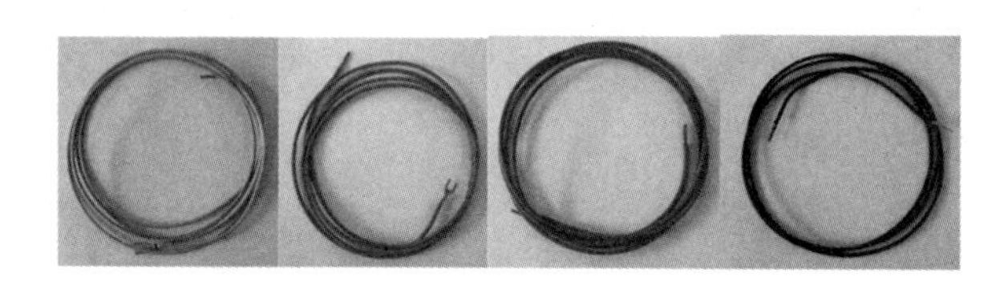

图10-13 电压二次回路导线和零线

2）整理电压线

因为多股软铜线要反复使用，为保证接线规范、美观，需要进行整理。导线镀锡端金属长度应为2cm，如图10-14所示。若镀锡端金属过长（在与试验接线盒相连时，镀锡端金属过长会导致导线外露），可用脚踩住线夹一端，用螺丝刀将导线拉直。

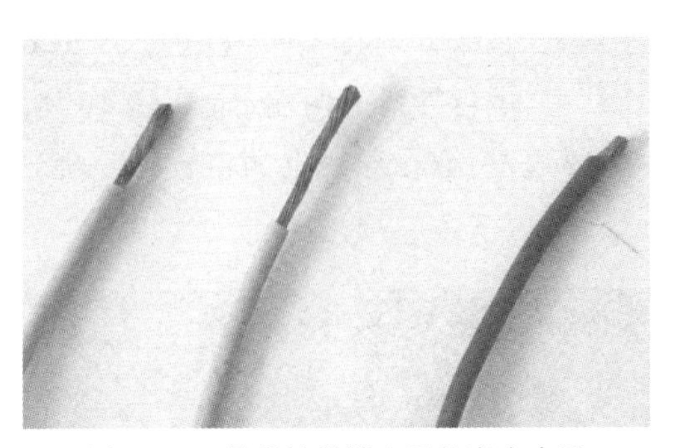

图 10-14　导线镀锡端金属长度应合适

若镀锡端金属部分过短(过短会导致在与试验接线盒相连时螺丝压到导线绝缘皮),可用右手拿尖嘴钳夹住焊锡部分,左手慢慢推绝缘皮,直至焊锡长度为 2cm。

3)电压二次回路标号

二次回路标号的意义:二次回路标号的目的是为了便于查线,保证接线的正确性。电压二次回路标号按照编号规则来制定,具体命名规则如下:

U——相别的标志。相线定为 U、V、W,公共线或地线定为 N。

6——电流、电压的标号。电压回路定为 6、7。

1——互感器二次侧组号。1 为计量绕组,电压回路地线定为 0 不变。

X——本回路端子序号。电压回路相线定为 1 不变,公共线或地线定为 1 不变。

套管标号制作:将白色套管剪成每段 1.5cm 长,选取 8 段,将 8 段分成三组,每组两段。第一组为 U611,第二组为 V611,第三组为 W611,第四组为 N611,如图 10-15 所示。

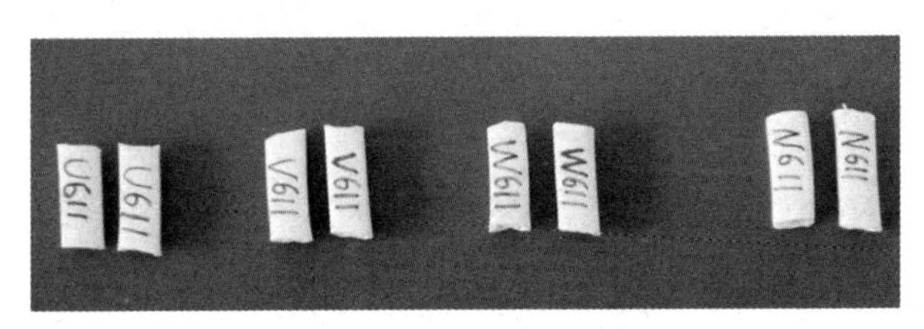

图 10-15　电压二次回路标号

将白色套管套入电压线：分别将U611、V611、W611、N611的两根套管套在黄色、绿色、红色、黑色导线的两端，如图10-16所示。

注意：套管书写要规范，套在导线上的位置要正确，字母要在靠近接线端子一端。

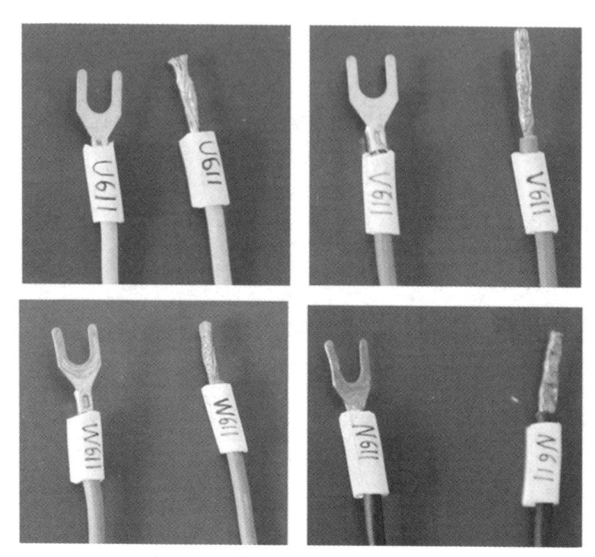

图10-16 套管套入相应电压线两端

2. 电压回路接线

电压回路接线如图10-17所示，接线步骤如下：

(1)固定导线线鼻：将黄色、绿色、红色、黑色导线线鼻一端安装在对应颜色母排电压连片上，线鼻两面各有一个垫片，将螺丝拧紧，确保接触良好。

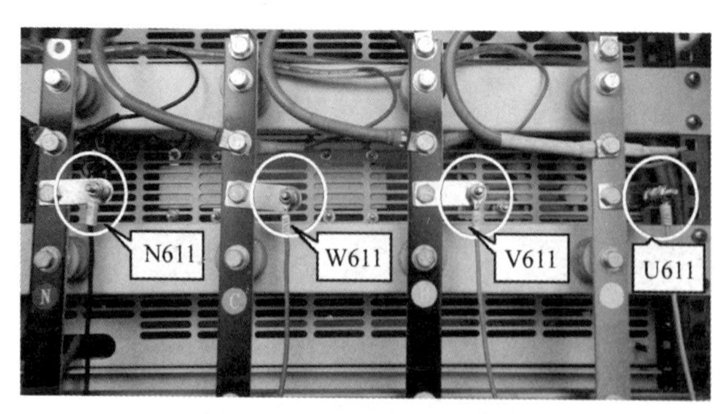

图10-17 电压回路接线图

(2)固定导线:用扎带固定在柜内横向架子上。在U相电压线弯折处用长扎带将其固定在横向架子上,弯折处与线鼻接头处留有适当的距离,如图10-18所示。

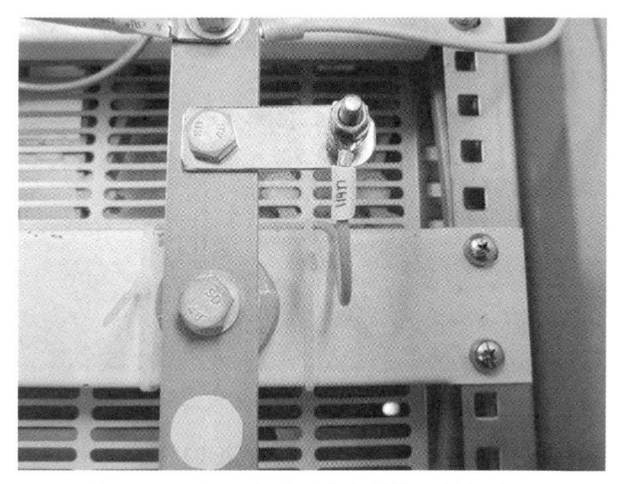

图10-18　在U相电压线弯折处将导线固定

在U、V、W相电压线和零线交汇处用短扎带将其捆扎在一起,在适当位置用长扎带将U、V、W相电压线和零线固定在横向架子上,如图10-19所示。

图10-19　各相电压交汇处扎带固定

用短扎带将U、V、W相电压线和零线扎成截面为方形的一捆线。在扎线过程中要保证导线不出现交叉现象,且扎带要用力扎紧,扎带之间距离应在 8cm 左右，如图 10-20 所示。

图 10-20　四根导线扎成截面为方形的一捆线

按从上向下的顺序用长扎带将这一捆线固定在柜体内竖向架子上，如图 10-21 所示。固定过程中要不断调整四根导线，保证导线截面为方形，且没有相互交叉，长扎带之间的距离应在 15cm 左右。在导线弯折处增加扎带，提高扎带密度，以保证导线不变形，整体布局合理、美观。

图 10-21　导线固定于竖向架子

3. 电流回路接线

1)低压电流互感器识别

首先识别低压电流互感器一、二次端子的标志，以免极性接反，如图 10-22 所示。

(a)电流互感器一次出线端:P2

(b)电流互感器一次进线端:P1

图 10-22　电流互感器一次端子

2)选取、整理电流互感器二次回路导线

《电能计量装置安装接线规则》(DL/T 825—2002)中要求:电流互感器二次回路导线截面积应根据额定的正常负荷电流进行选择,但其最小截面积不得小于 4mm²。

3)选取电流线

选取 4mm² 黄色、绿色、红色多股软铜线各两根,分别是 U、V、W 相电流互感器二次回路导线,并检查导线绝缘皮有无破损现象,如图 10-23 所示。

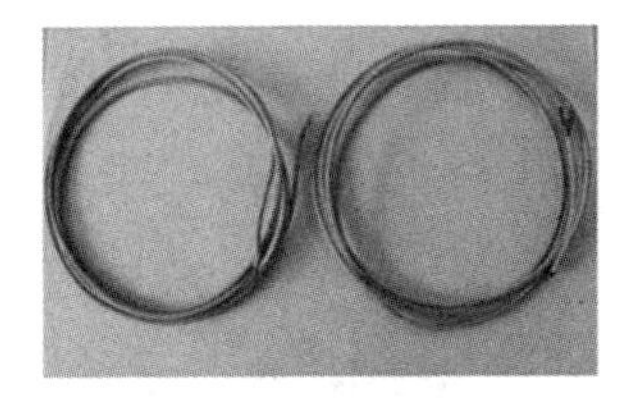

(a)U 相电流互感器二次回路导线

(b)V 相电流互感器二次回路导线

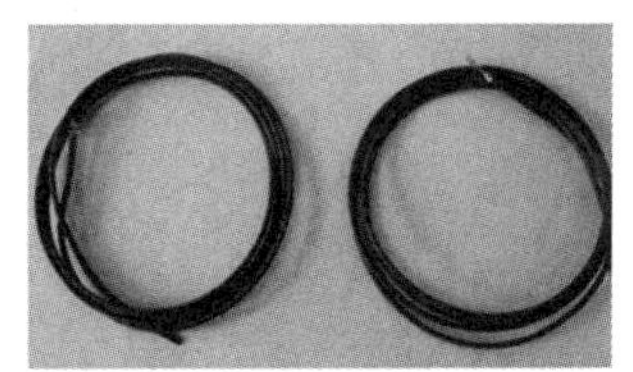

(c)W 相电流互感器二次回路导线

图 10-23　电流二次回路导线

4)电流互感器二次回路标号

电流二次回路标号如图 10-24 所示,标号原则如下:

U——相别的标志，相线定为 U、V、W。

4——电流、电压的标号，电流定为 4、5。

1——互感器的组号，1 为计量绕组。

X——本回路端子序号，电流回路自互感器电流流出端开始，每过一个元件递增一号，至回到互感器止。

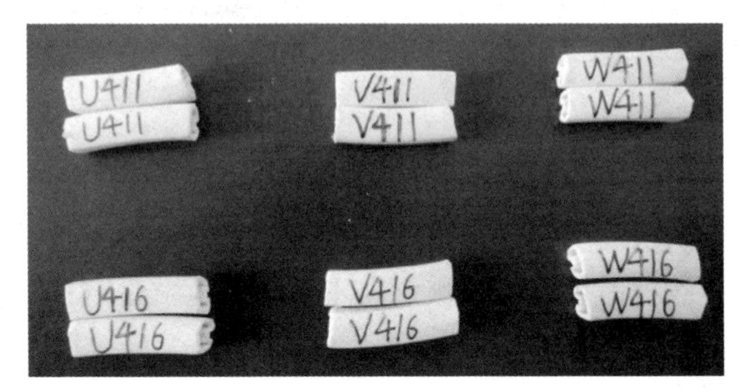

图 10-24　电流二次回路标号

（1）标号制作：将白色套管剪成每段 1.5cm 长，选取 12 段，分成 6 组，每组两段。第一组为 U411，第二组为 U416，第三组为 V411，第四组为 V416，第五组为 W411，第六组为 W416，如图 10-25 所示。

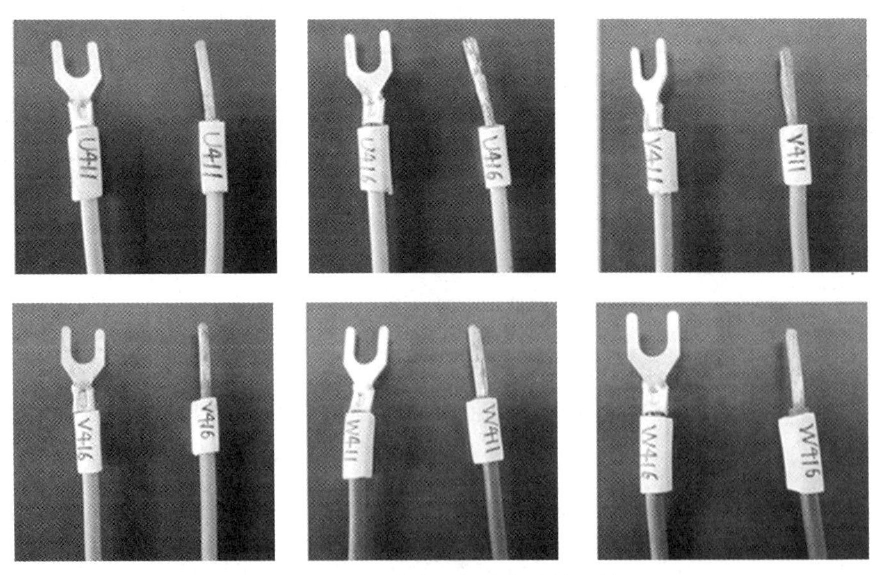

图 10-25　套管套入相应电流线两端

(2)将白色套管套入电流线:分别将 U411 和 U416 套管套在不同黄色电流线的两端,要求每根导线套管标号相同。按照同样方法将 V411、V416、W411、W416 套入相应颜色的导线(V411 和 V416 对应绿色电流导线,W411 和 W416 对应红色电流导线)。

5)电流互感器二次回路接线

(1)二次电流方向确定:电流互感器一次侧 P1 为电流进线端,P2 为出线端;由减极性定义可知电流互感器二次侧 1S1 为电流出线端,1S2 为电流进线端。

(2)固定导线线鼻:将标号为 U411 和 U416 的黄色电流线鼻一端分别安装在 U 相电流互感器二次侧 1S1 和 1S2 端,线鼻上下各有一个垫片,并将螺丝拧紧,如图 10-26 所示。

图 10-26　固定电流线线鼻

按照同样方法,完成绿色和红色线鼻一端接线,其中 V411 和 V416 的绿色电流线鼻一端分别安装在 V 相电流互感器二次侧 1S1 和 1S2 端;W411 和 W416 的红色电流线鼻一端分别安装在 W 相电流互感器二次侧 1S1 和 1S2 端。

在留有一定裕度的基础上弯折 U411 和 U416 电流线,在 U411 和 U416 电流线交汇处用短扎带将其捆扎在一起,使两根电流线与 U 相母线保持明显距离,在适当位置用长扎带将 U 相电流线固定在横向架子上,如图 10-27 所示。

图 10-27　捆扎 U 相电流线并将其固定

在留有一定裕度的基础上弯折 V 相和 W 相电流线，在 U、V 和 W 相电流线交汇处，用短扎带将六根导线捆扎成截面为矩形的一捆线，扎线过程中不得出现交叉现象，黄色导线在下层，绿色导线在中间，红色导线在上层，如图 10-28 所示。

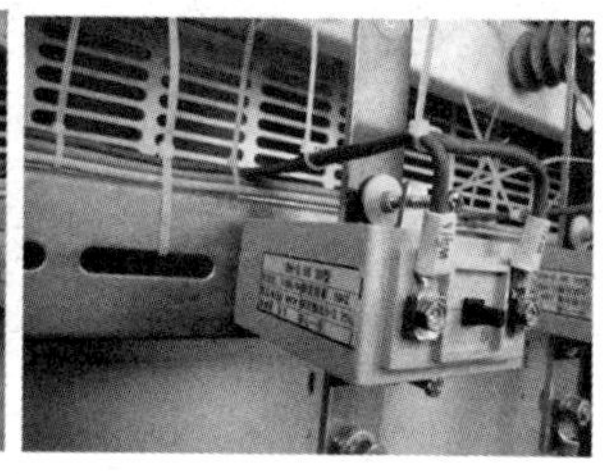

图 10-28　捆扎 W 相电流线并将其固定

继续用短扎带将 U、V、W 相六根电流线扎成截面为矩形的一捆线，扎带之间距离应在 8cm 左右，导线不交叉，且扎带扎紧，如图 10-29 所示。

图 10-29　用短扎带捆扎导线，导线分层分色

按从右向左、从上向下的顺序用长扎带将这一捆线固定在柜体内架子上，固定过程中要不断调整六根导线，保证导线截面为矩形，且没有相互交叉，长扎带之间距离应在 15cm 左右。在导线弯折处增加扎带，提高捆扎密度，以保证导线不变形，整体布局合理、美观。

4. 电压、电流二次回路导线接入试验接线盒

捆扎电压和电流线：用长扎带将电压、电流二次回路导线扎在一起，并进行适当整理，如图 10-30 所示。

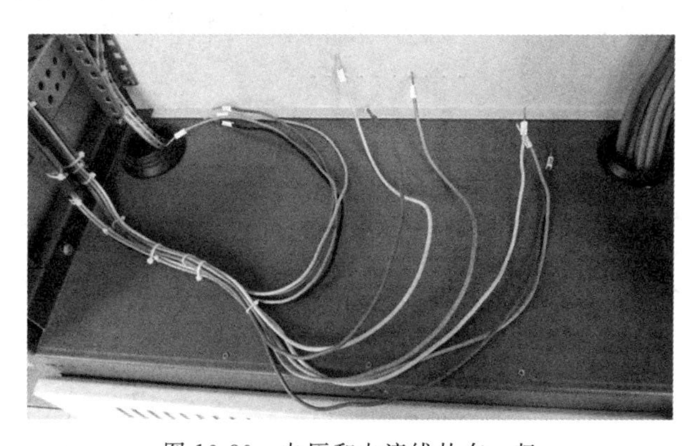

图 10-30　电压和电流线扎在一起

电压线和零线接入试验接线盒：分别按顺序将 U611 黄色、V611 绿色、W611 红色电压线和 N611 黑色零线镀锡端接入试验接线盒对应的电

压端子下方的孔中。拧紧螺丝，保证两个螺丝都能压到焊锡端，保证金属不外露，如图 10-31 所示。

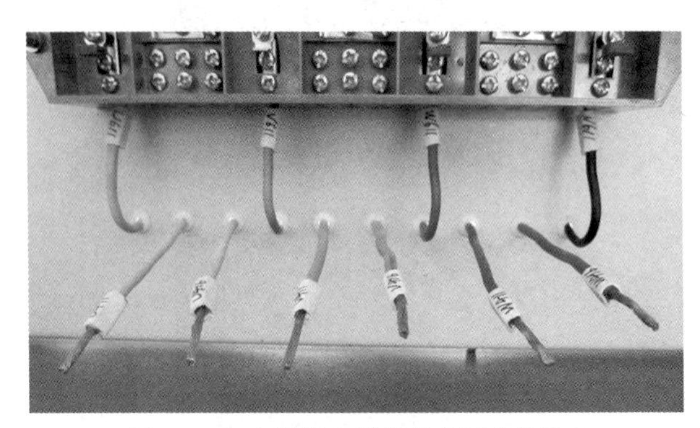

图 10-31　电压线和零线接入试验接线盒

电流线接入试验接线盒：将 U411 和 U416 黄色电流线分别接入试验接线盒 U 相电流 2、3 号端子。拧紧螺丝，保证两个螺丝都能压到焊锡端，保证金属不外露。

按照同样方法，将绿色、红色电流线接入试验接线盒。V411 和 V416 分别对应试验接线盒 V 相电流端子下方 2、3 号孔；W411 和 W416 分别对应试验接线盒 W 相电流端子下方 2、3 号孔，如图 10-32 所示。

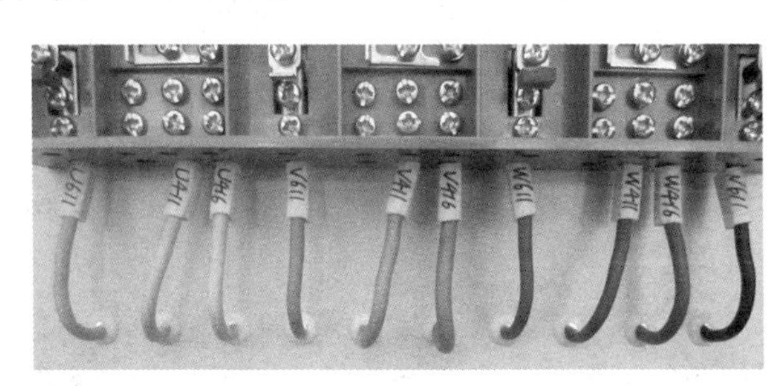

图 10-32　电流线接入试验接线盒

注意：套管标号的字母要在靠近接线端子一端。

六、技能培训步骤

(一)风险点分析、注意事项及安全措施

风险点分析如表10-2所示，注意事项及安全措施如表10-3所示。

表10-2　风险点分析

序号	工作现场风险点分析	逐项落实并填写“有/无”
1	设备金属外壳接地不良有触电危险；使用不合格工器具有触电危险	
2	工作不认真、不严谨，误将TA二次开路，设备上电后将产生危及人员和设备的高电压	
3	低压带电工作无绝缘防护措施，人员触碰带电低压导线，作业过程中作业人员同时接触两相，导致触电	
4	接线不正确、接触不良影响表计正确计量和对客户的优质服务	
5	工作过程中工器具使用不当，造成人身伤害	
6	接线不正确、接触不良影响表计正确计量	
7	互感器进出线接反，导致出现反向电量	
8	互感器变比选择不正确，导致无法正确计量	

表10-3　注意事项及安全措施

序号	注意事项及安全措施	逐项落实并打“√”
1	进入工作现场，穿工作服、绝缘胶鞋，戴安全帽，使用绝缘工具，必要时使用护目镜，采取绝缘挡板等隔离措施	
2	工作中严格执行专业技术规程和作业指导书	
3	严格按操作规程进行送电操作，送电后观察表计是否运转正常；不停电换表时计算需要追补的电量	

续表

序号	注意事项及安全措施	逐项落实并打“√”
4	严格按照《电能计量装置安装接线规则》接线	
5	工作中严格按照规则使用工器具	
6	工作开始前严格检查互感器变比是否合适	
7	电流互感器、接线盒进出线正确	

（二）现场准备工作

1. 工作现场准备

（1）检查模拟工位上设备带电情况，检查互感器、电能表、接线盒等是否齐全可用，检查有无设备破损。

（2）检查互感器线孔是否开通，互感器、电压绝缘子等处垫片是否齐全、合格。

（3）检查现场导线是否齐全，导线型号是否合格。

2. 工具器检查

检查现场的工器具种类是否齐全、绝缘性能等是否符合安全要求，检查扎带、铅封数量是否充足。

（三）具体操作流程

1. 工作前的准备

着装：安全帽（正确佩戴，下颏带和后箍要松紧适当）、工作服（袖口、领口、袋口扣子全部扣好）、线手套（整洁）、绝缘鞋、计时手表，如图 10-33 所示。

注

未穿工作服、绝缘鞋，未戴安全帽、线手套，每项扣 2 分；着装穿戴不规范，每处扣 1 分。

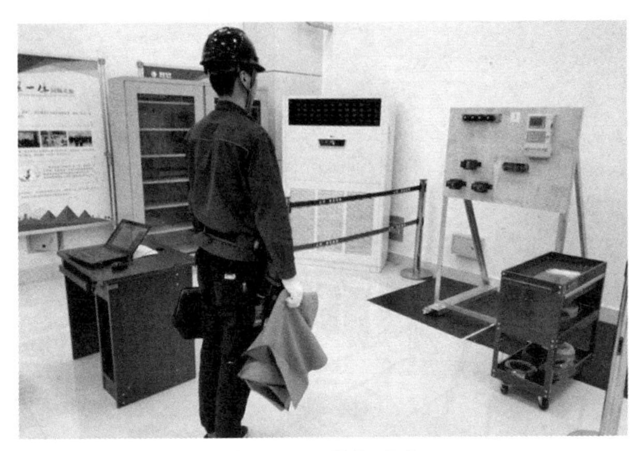

图 10-33　前期准备

2. 检查工器具

毡垫(叠好,入场握在手里)一块,验电笔一支,十字螺丝刀一把,剥线钳一把,斜口钳一把,尖嘴钳一把,绝缘扳手一把,绑扎带、铅封若干,万用表一只。

3. 入场检查工作

整理导线,检查所备导线数量及型号是否符合计量规程要求。如有弯曲不合格,向裁判报备得到允许后裁剪去除;检查作业板上元器件是否合格、齐备,如有垫片缺少、螺丝缺少、盒盖损坏等情况及时向裁判报备更换,如图 10-34 所示。

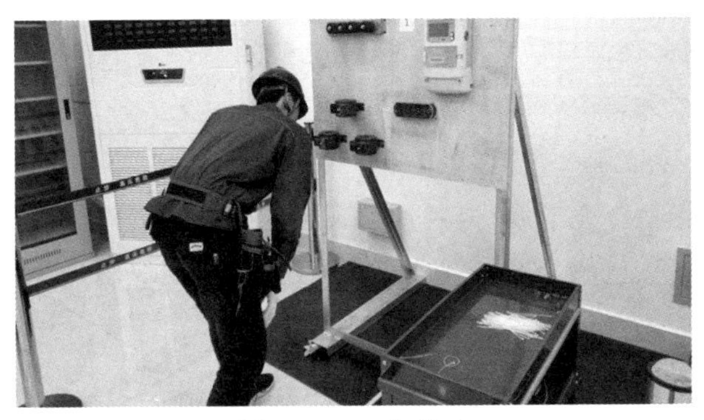

图 10-34　入场检查

如发现线头有碎弯,举手报告,请求裁掉,如图 10-35 和图10-36 所示。

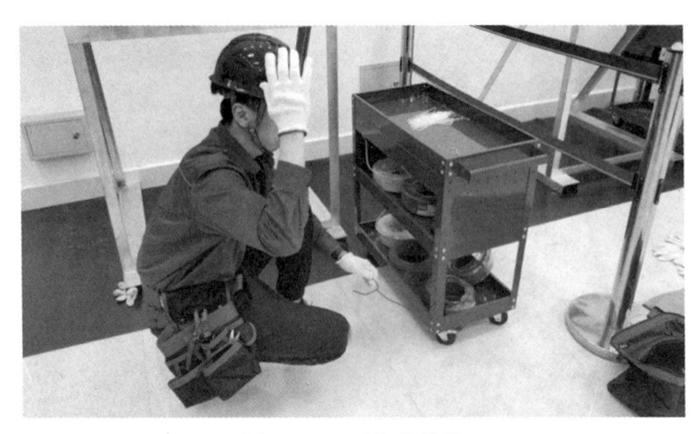

图 10-35　举手报告

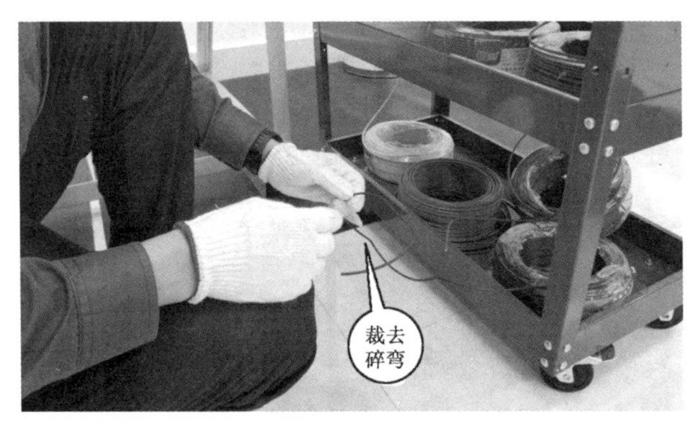

图 10-36　裁去碎弯

如开始工作，在接线过程中再发现元器件损坏及垫片、螺丝缺失问题，均会按参赛选手本人垫片、螺丝缺失计算，或者视作作业前检查不合格，现场裁判检查认可后停止计时，待更换元器件后继续计时工作，对选手速度影响很大。

4. 工器具准备

作业现场检查完毕后，退到作业现场入场标线以外，迅速检查整理衣着，手拿工具包、毡垫，验电笔收放选手腰包最方便取用位置，面对作业板立正位站好后，大声报告“X 号工位准备完毕”，等待裁判开始信号，如图 10-37 所示。

图 10-37　检查完毕，准备开始

5. 工器具检查

得到裁判“开始”信号后，开启计时手表计时功能（此时裁判计时开始），同时迅速铺好毡垫，毡垫与小车间不留缝隙，以防裁线时导线触地。如图 10-38 所示。迅速检查工器具，并大声报告“工器具齐全良好”。

注

工器具需齐全，缺少或不符合要求，每件扣 1 分；工具未检查、检查项目不全、方法不规范，每项扣 1 分。

图 10-38　铺好毡垫

6. 验电

右手摘线手套，验柜体螺丝和金属安装条，口述“柜体无电压”，如图10-39所示。验电完毕后将验电笔放到工具包内。

☞注

未检查扣5分；未验电、验电前触碰柜体扣5分；验电方法不正确扣3分。

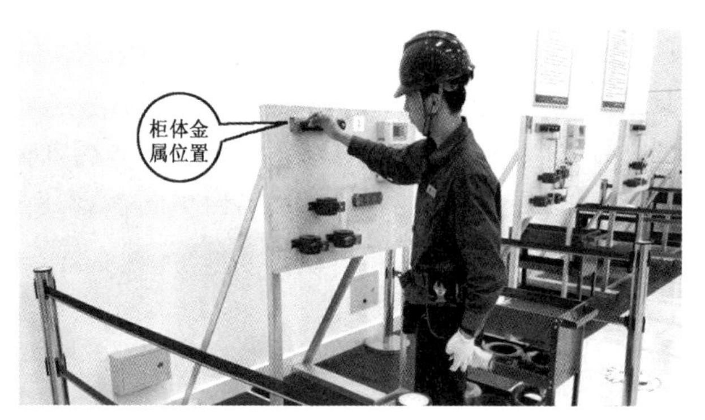

图10-39 柜体验电

7. 填写工作单

正确填写工作单，信息填写完整规范，如图10-40所示。

图10-40 正确填写工作单

拆卸表尾盖、强弱电隔离板、互感器盒盖、接线盒盖，查看电压电流连片，松卸接线盒和表尾螺丝（松卸螺丝时需4圈，紧固螺丝时顶住线芯再拧 1 圈半)，如图 10-41 所示。

☞注

工作单漏填、错填，每处扣 2 分；工作单填写有涂改，每处扣1 分。

图 10-41　拆卸表尾盖

拆下强弱电隔离板，如图 10-42 所示。

图 10-42　拆下强弱电隔离板

依次松开表尾、接线盒上下两排螺丝，如图 10-43 和图 10-44 所示。

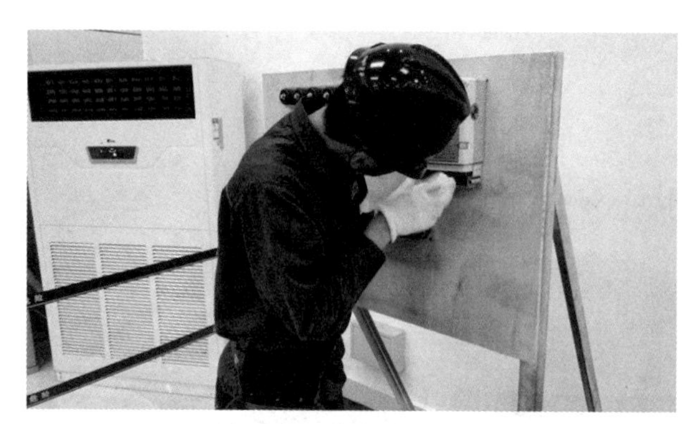

图 10-43　松卸表尾螺丝

图 10-44　松卸接线盒螺丝

用扳手松开绝缘子螺栓，如图 10-45 所示。

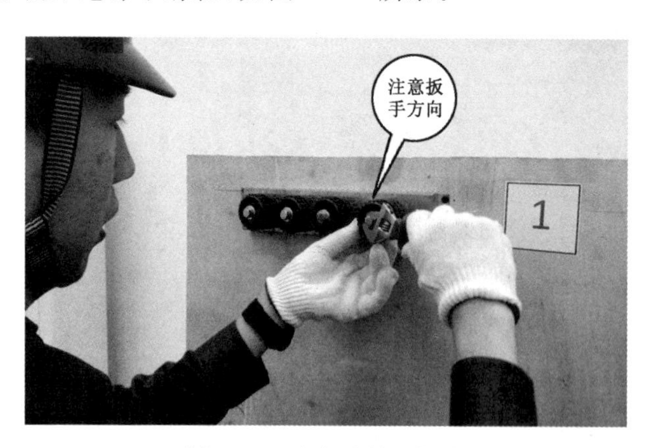

图 10-45　松卸绝缘子螺栓

进行电能表导通测试。首先将万用表调节到蜂鸣测试挡位，并将两只测试笔短接，检验万用表是否正常工作，如图 10-46 和图 10-47 所示。

☞注

未正确进行测试扣 5 分。

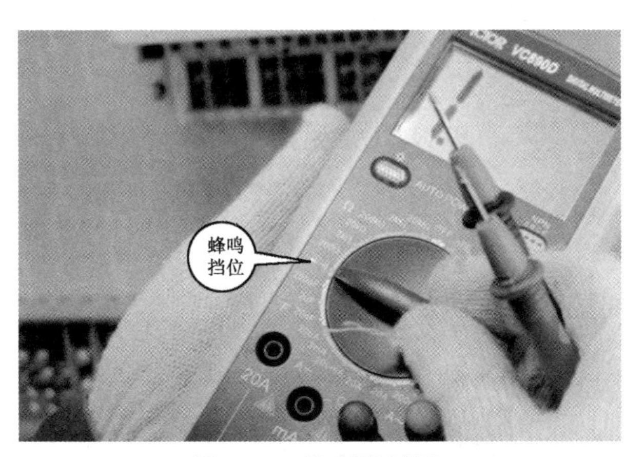

图 10-46 蜂鸣测试挡位

图 10-47 短接测试

用万用表依次检测每一相电流线圈导通情况，如图 10-48 所示。

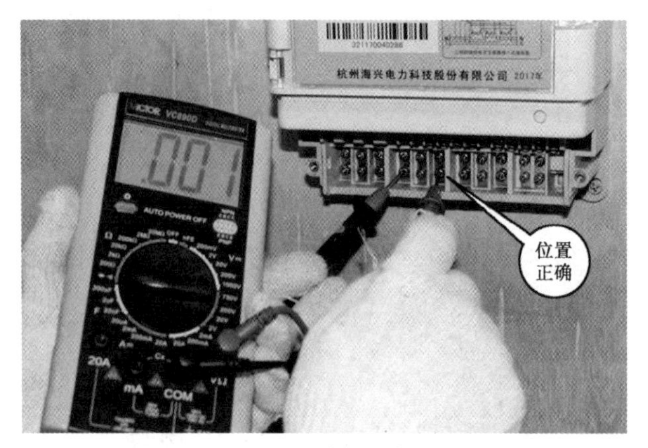

图 10-48　检测电能表

进行接线盒导通测试，如图 10-49 所示。

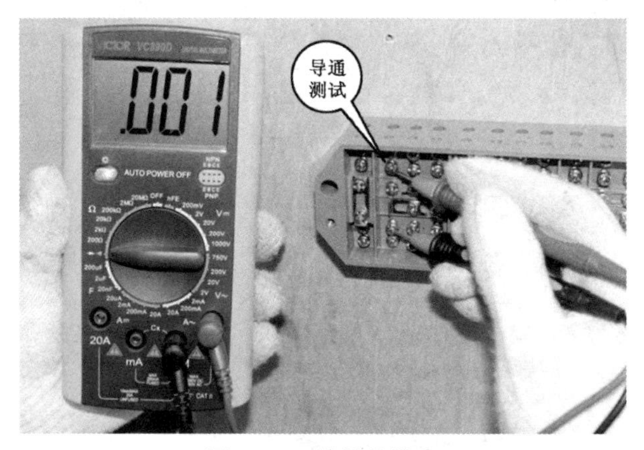

图 10-49　检测接线盒

将接线盒电压连片闭合，将电流连片打到正确位置。保证正常工作时电流互感器正确计量。松卸绝缘子螺丝，如图 10-50 所示。

图 10-50　拨片位置

注意一次电流方向(P1 侧进线,P2 侧出线),核对电流互感器极性(S1 正极,S2 负极),如图 10-51 所示。

图 10-51　核对电流互感器极性

8. 统一裁线

首先,裁 4 根电压线(2.5mm^2),放置于身体前侧;其次,裁 4 根短电压线和 6 根短电流线(4mm^2),放置于左手边;最后,裁 6 根电流线,也放置于身体前侧。随即先剥电流线线头并弯羊角圈,放置小车最上层;然后剥电压线线头并弯羊角圈,同样放置小车最上层,但放置方向与电流线剥头相反并与电流线之间留有空隙(便于区分);最后剥 10 根线线头。

☞注

导线选择错误，每处扣2分；导线选择相序颜色错误，每相扣5分；接线错误，则“接线方式”及“设备安装”两项皆不得分。

每种颜色的线捋直后，统一裁线，如图10-52所示。

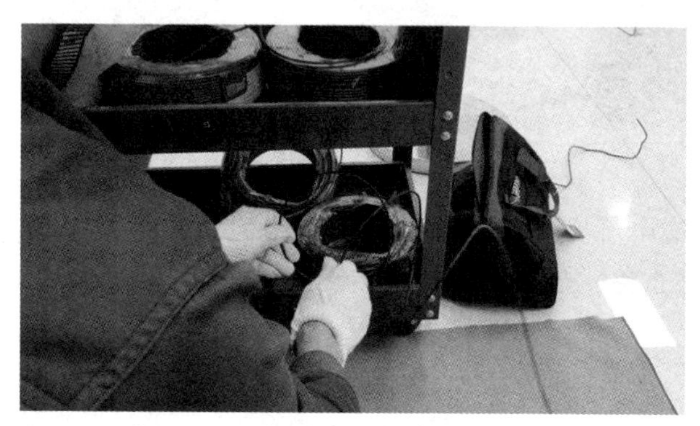

图10-52　捋直电压线

所有4根电压线都拆出后，将端部对齐捏紧，统一进行裁剪，如图10-53、图10-54所示和图10-55所示。

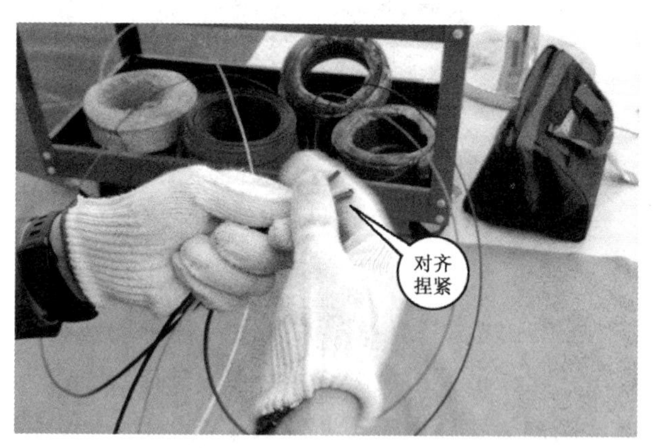

图10-53　对齐捏紧电压线

图 10-54　用身体丈量电压线

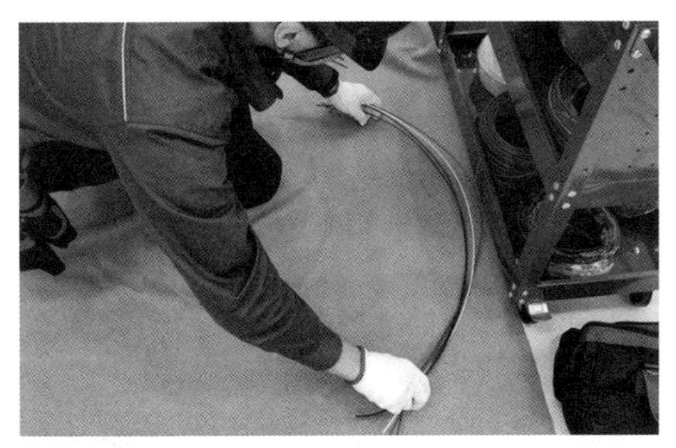

图 10-55　电压线放置于前侧

继续裁线，全部裁完，如图 10-56 所示。

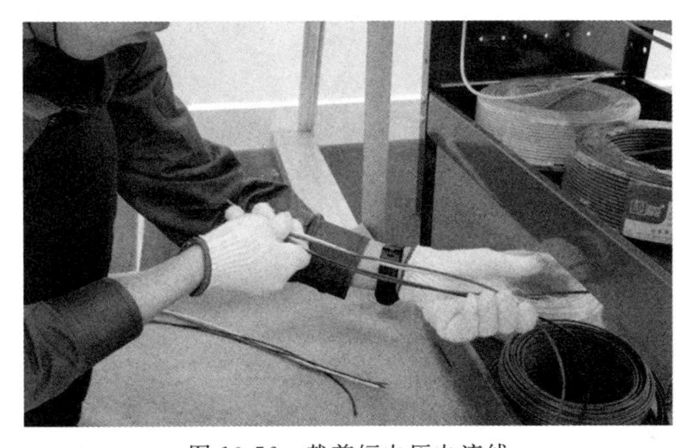

图 10-56　裁剪短电压电流线

捋线时，要攥紧导线末端，不得出现导线滑脱现象，如图 10-57 和图

10-58 所示。

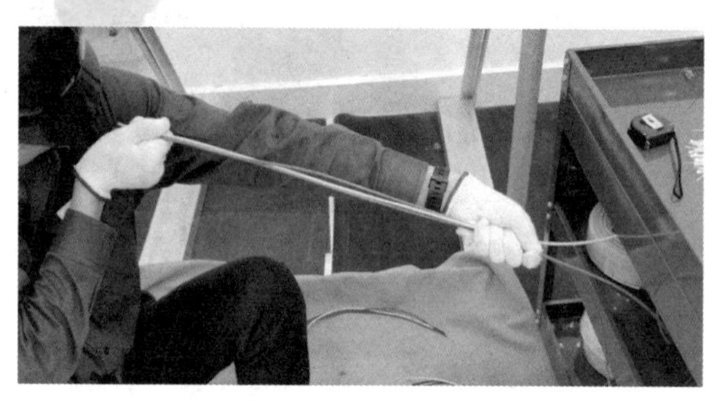

图 10-57　裁剪电流线

图 10-58　电流线放置于前侧

统一剥除绝缘皮，并注意不同型号的线剥除的长度不同，如图 10-59 所示。

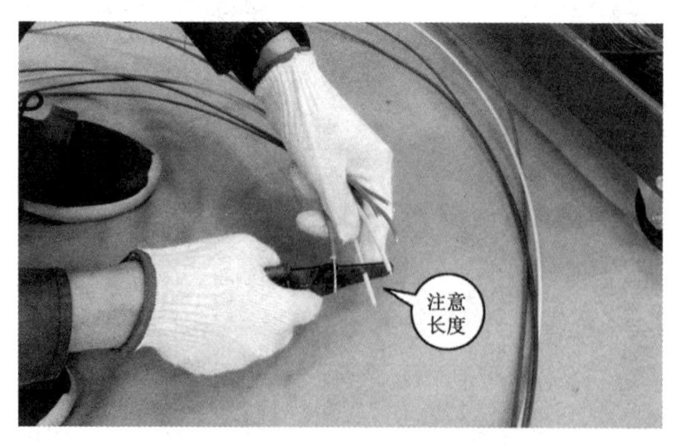

图 10-59　剥除短线绝缘皮

共有 4 根长电压线和 6 根长电流线需要弯羊眼圈,需精确剥除绝缘皮长度,如图 10-60 所示。

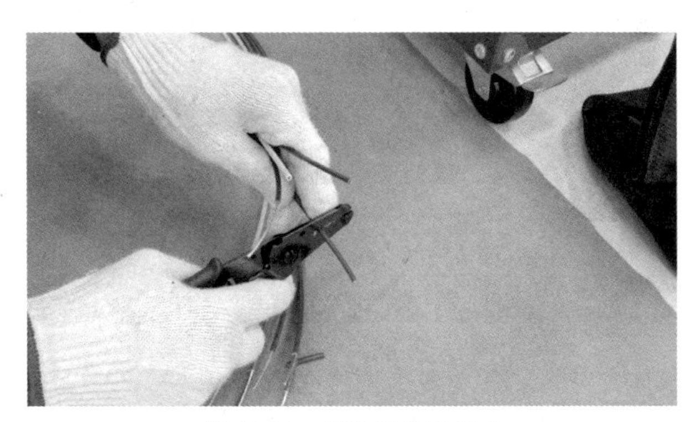

图 10-60 剥除长线绝缘皮

制作电压线羊眼圈时,尖嘴钳与绝缘皮之间留大约 2mm 距离,以防紧固时压皮,并折弯至超过 90°,如图 10-61 和图 10-62 所示。

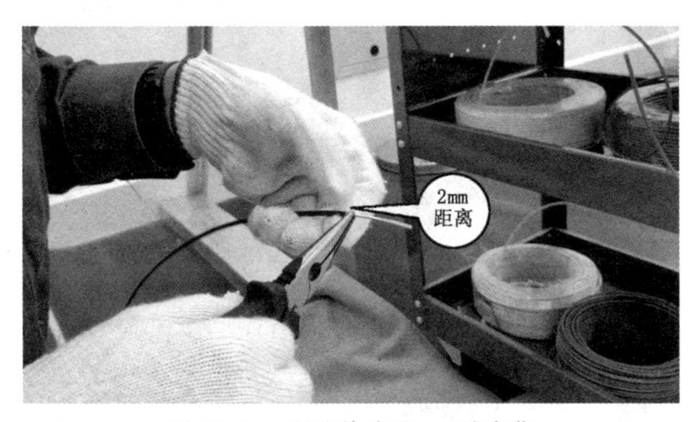

图 10-61 距绝缘皮 2mm 处夹住

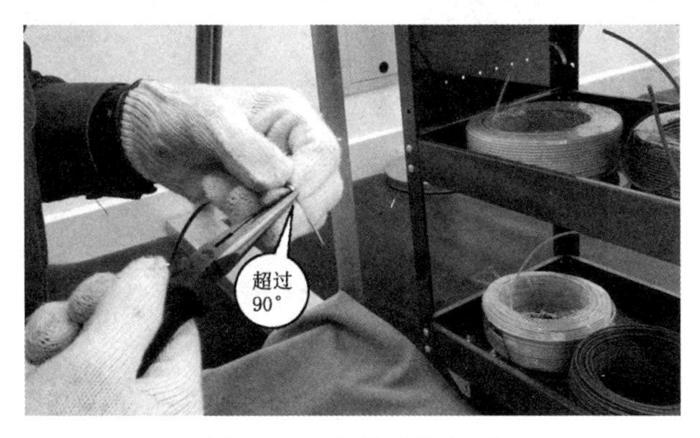

图 10-62 折弯至超过 90°

铜芯面与尖嘴钳外侧面齐平，如图10-63所示。

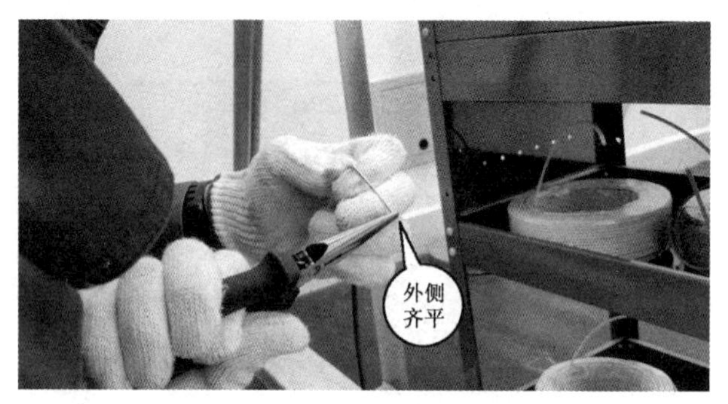

图10-63　反手回折

弯羊眼圈要一步到位，弯圈闭合，不能回调，如图10-64所示。

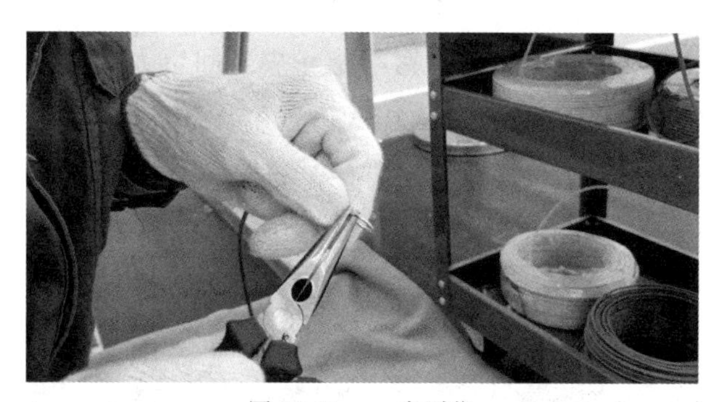

图10-64　一步到位

电压线处理完后，统一放置，如图10-65所示。

图10-65　放置于小车上

再弯电流线羊眼圈(若为电流线贴板布线，可不弯)，尖嘴钳紧贴绝缘皮，不留缝隙，以防紧固时露铜，并折弯至超过90°，如图10-66和图10-67

所示。

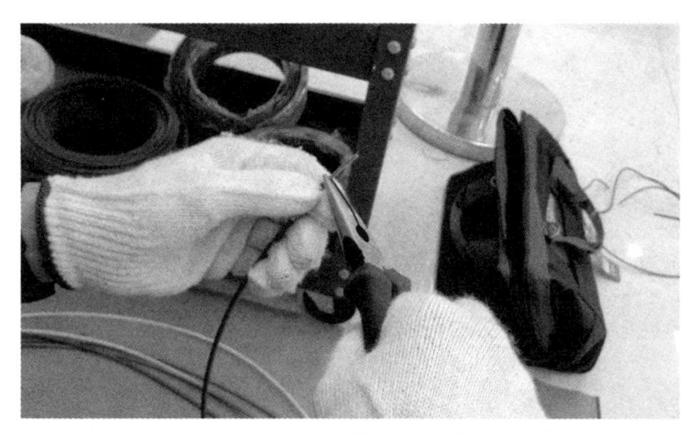

图 10-66　贴紧绝缘皮夹住

图 10-67　折弯至超过 90°

制作羊眼圈要一步到位，弯圈闭合，不能回调，如图 10-68 所示。

图 10-68　一步到位

弯好羊眼圈的 6 根电流线统一放置，与电压线分开，以免混乱，如图

10-69 所示。

图 10-69　放置电流线

表尾与接线盒之间的 10 根接线捋直后，统一剥除绝缘皮，控制剥除长度，如图 10-70 和图 10-71 所示。

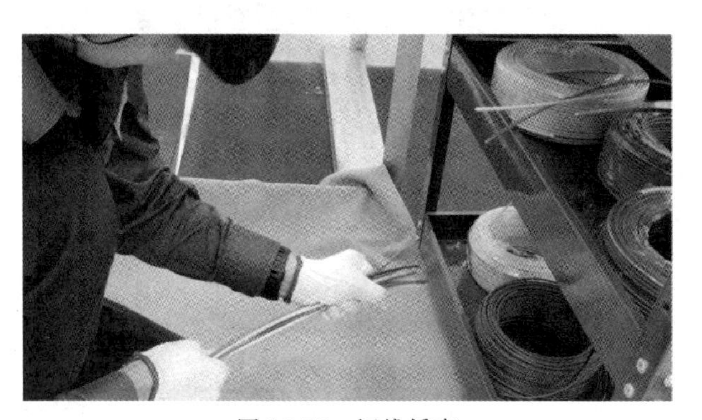

图 10-70　短线捋直

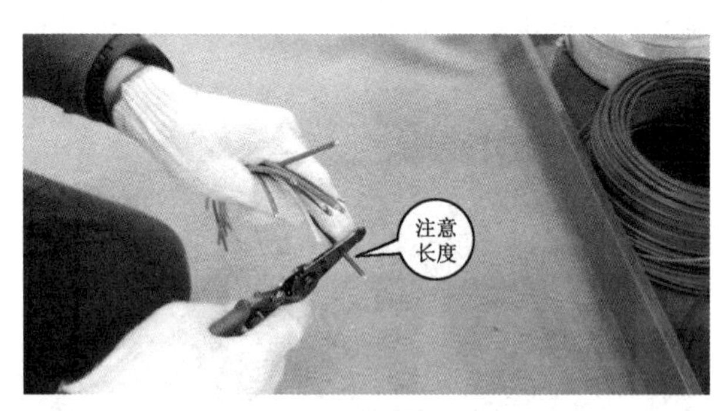

图 10-71　剥除绝缘皮

9. 插入接线盒

统一将 10 根线插入接线盒上侧后再紧固布线，保证每根线插入正确的插孔，如图 10-72 所示。

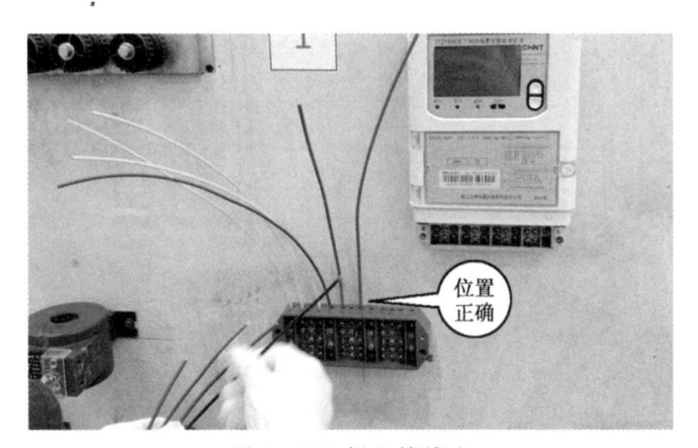

图 10-72　插入接线盒

10. 根线全部插入后，紧固螺丝

紧固时，左手提导线，控制导线插入接线盒内的深度，上部不露铜，同时控制插入接线盒内的部分不会过大，以免压皮。先紧内侧螺丝，使螺丝能够压住铜芯，以保证铜芯有两个压痕，如图 10-73 所示。

注

接线应有两处明显压点，不明显，每处扣 2 分；导线压绝缘层，每处扣 2 分。

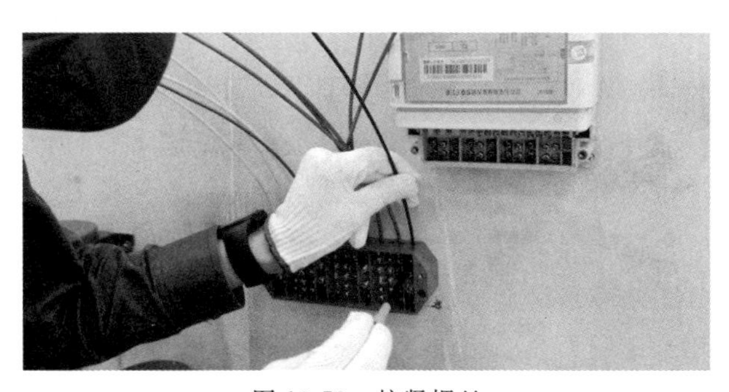

图 10-73　拧紧螺丝

全部紧固后，从零线开始，自右至左开始折弯布线，控制折弯处的高度，以免接线后，表尾盖安装不上，如图 10-74、图 10-75 所示和图 10-76所示。

☞注

横平竖直偏差大于3mm，每处扣1分，转弯半径不符合要求，每处扣2分。

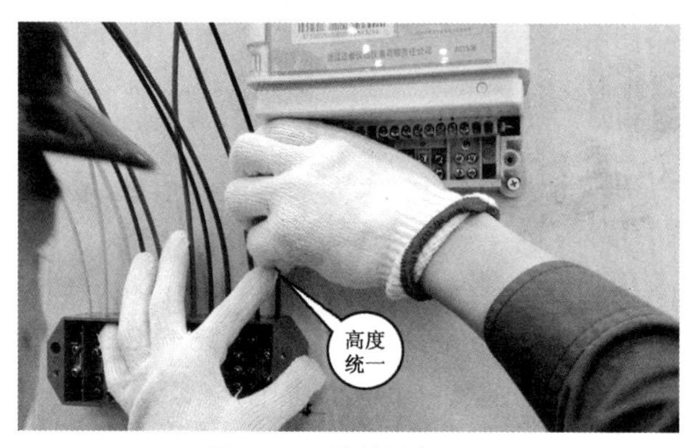

图 10-74　导线折弯(一)

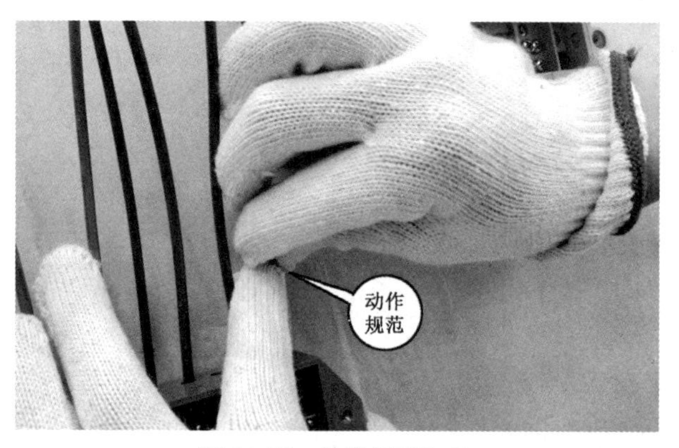

图 10-75　导线折弯(二)

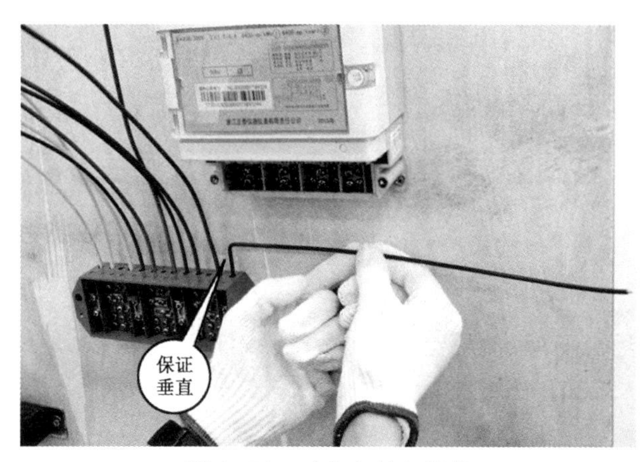

图 10-76　对齐向斜上折弯

将导线摆横平竖直后，对准表尾中性线孔，折弯，接至表尾。对准时，用眼睛余光留意接线盒处，不要将其拉扯或回顶。裁线时，对准截取长度。如图 10-77 所示。

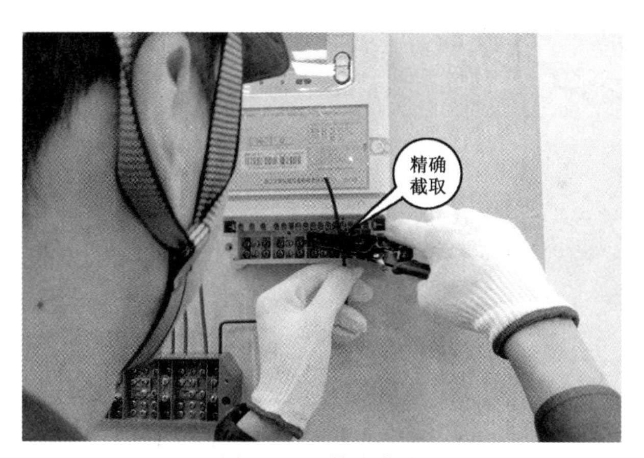

图 10-77　精准截取

裁剪后，剥除绝缘皮，绝缘皮剥除长度要控制适当，不要过长露铜，也避免太短压皮，如图 10-78 所示。

图 10-78　剥除绝缘皮

剥除绝缘皮后，将导线插入表尾孔内，左手控制插入深度，同时注意导线的横平竖直，先紧固内侧螺丝，确保压住铜芯，保证铜芯两个压痕，如图 10-79 所示。

图 10-79　拧紧螺丝

依次将红、绿、黄三颜色线接至表尾，同一颜色的线依次上下排列，不同颜色的线由内向外依次接出，如图 10-80 所示。

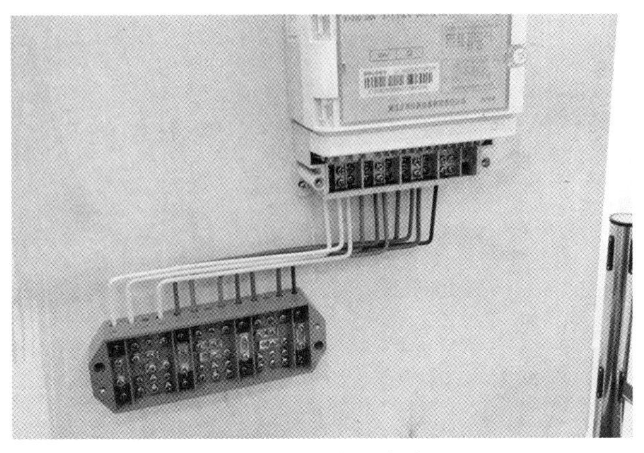

图 10-80 表尾布线

11. 电压线折弯

统一将 3 根电压线和 1 根中性线一端固定于绝缘子侧，再行布线。电压线接线端子处的折弯折好后，再接线，如图 10-81 所示。用手指比量接线端子距板子的距离，依此为准，将电压线折弯接线（图中比量距离仅作方法参考，具体距离大小以实际接线板为准）。

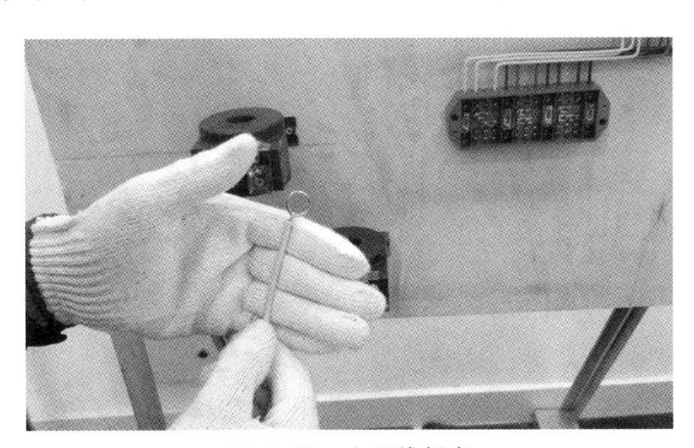

图 10-81 电压线折弯

右手顶住导线，左手掌用力将导线折弯，如图 10-82 所示。

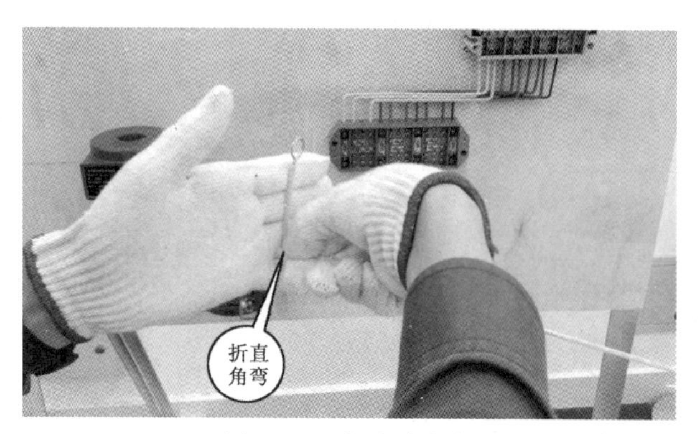

图 10-82　折成直角弯

以同样的距离和方法折另一个转弯，注意折弯方向，如图10-83和图10-84 所示。

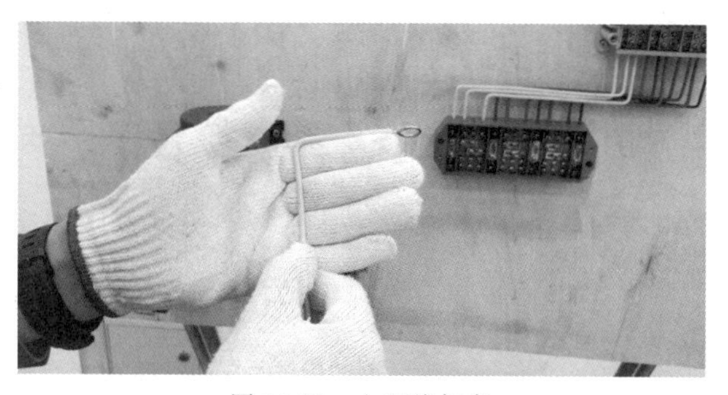

图 10-83　电压线折弯

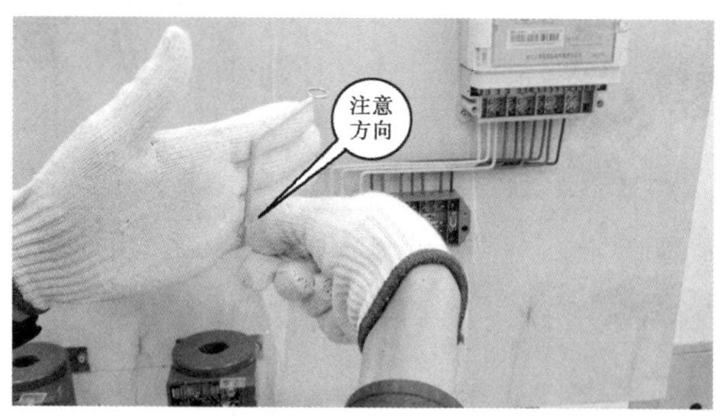

图 10-84　折成直角弯

折好弯后，拆卸螺丝（无须放下导线，一只手提着即可），一只手松螺丝的同时，另一只手接着螺丝和垫片，以防掉落，如图 10-85 所示。

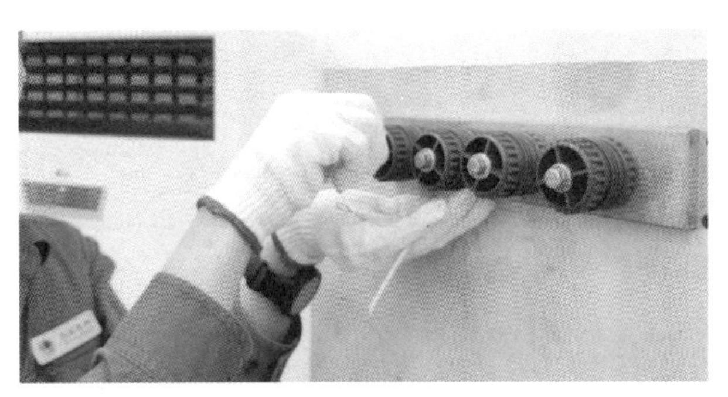

图 10-85　拧下螺栓

螺丝拆下后，将羊眼圈置于螺丝上两平垫片之间，在绝缘子上固定，如图 10-86 和图 10-87 所示。

☞注

压接圈应在互感器二次端子两平垫之间，不合格每处扣 1 分；压接圈外露部分超过垫片的 1/3，每处扣 2 分；线头超出平垫或闭合不紧，每处扣 1 分；线头弯圈方向与螺丝旋紧方向不一致，每处扣 1 分。

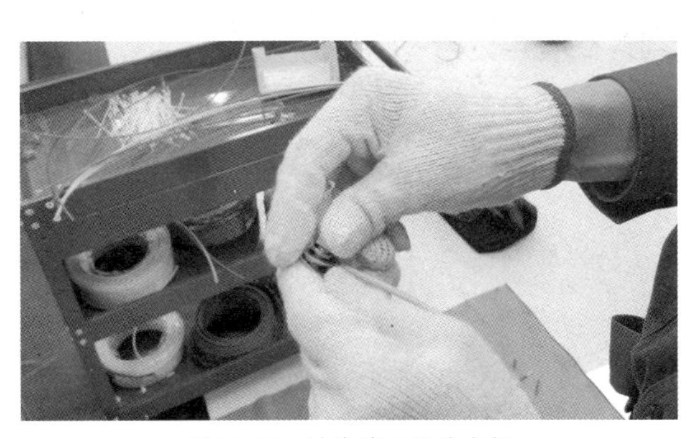

图 10-86　导线放于垫片之间

图 10-87　拧紧螺栓

将红色、绿色、黄色电压线依次固定后（不需扳手拧紧，用手拧紧即可，方便调节距离），用扎带将 3 根电压线和 1 根中性线捆成一捆，不要太紧，使导线可以来回调节距离，注意压线顺序，不要绞线，如图 10-88 所示。

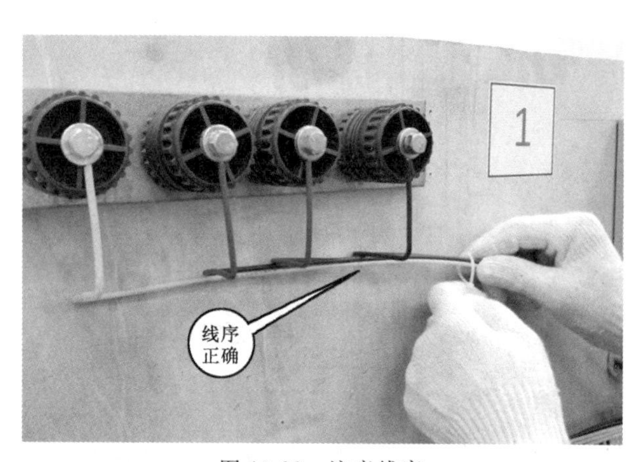

图 10-88　注意线序

右手握住导线，左手调节导线，横平竖直后，右手握紧导线不再滑动，左手将扎带扎紧，如图 10-89 所示。

顺导线尾部方向再扎 3～4 条扎带，为下一个导线折弯做准备，扎带过程中要时刻注意线序，不要绞线，如图 10-90 所示。

图 10-89　控制间距

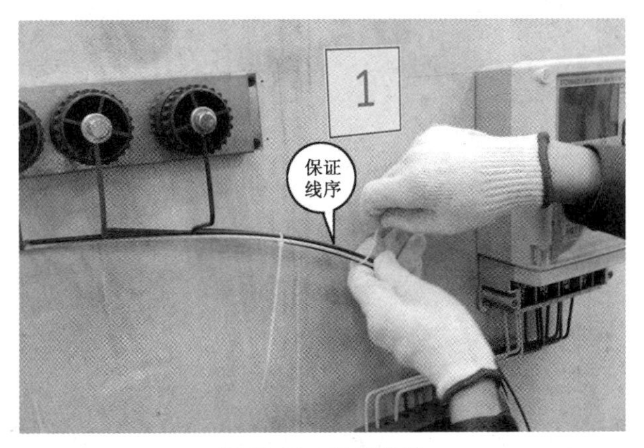

图 10-90　扎紧扎带

扎带扎好后,将 4 根导线向下折弯,折弯点的确定是关键。左右两手紧密配合,一是看导线左右方向和电压端子下端走线的横平竖直,二是把握折弯后导线在竖直方向上不要靠接线盒太近,影响美观,或是导线压接线盒,无法走线。确定折弯点后,两手顶住导线,一步折弯成型,如图10-91和图 10-92 所示。

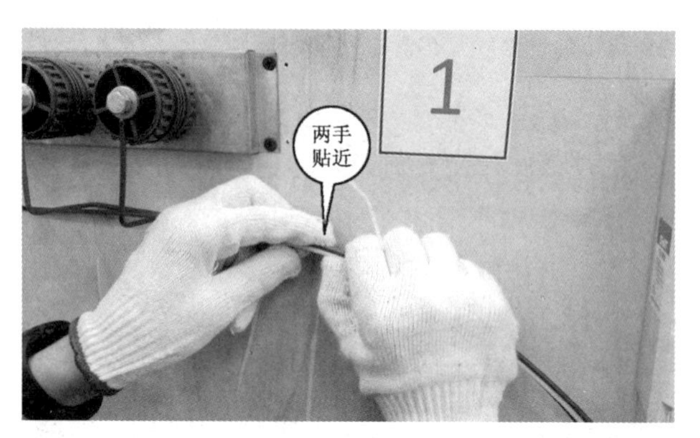

图 10-91　两手贴近

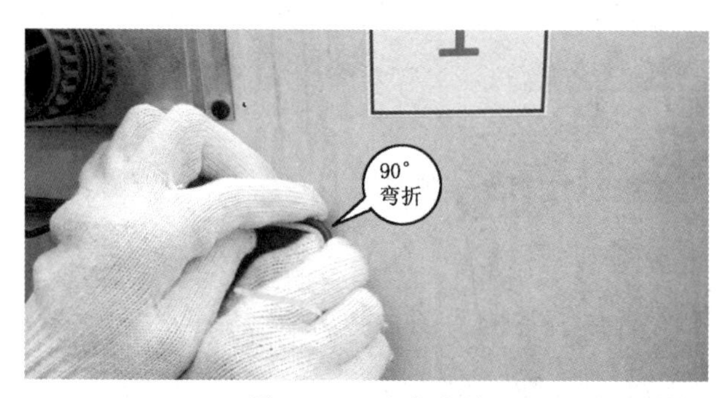

图 10-92　一步成型

继续水平方向的折弯，确定折弯点时，注意观察上端水平方向的走线，保持横平，用如上同样的方式折弯成型，如图 10-93 所示。

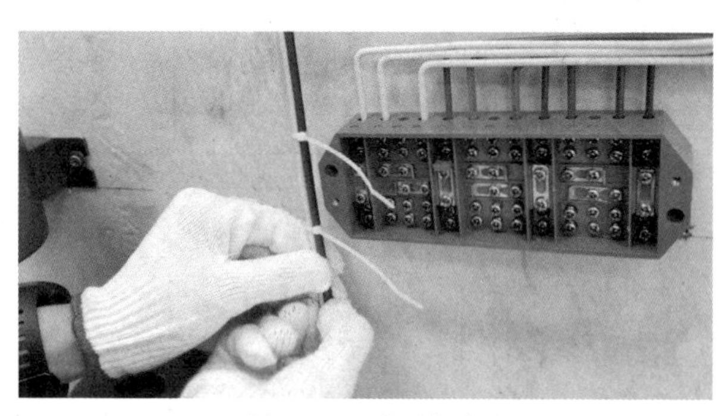

图 10-93　水平折弯

然后将 3 根电压线和 1 根中性线接入接线盒，第一根黄线是关键。确定黄线折弯点时要观察竖直方向的走线，不能歪斜，保持竖直，如图 10-94所示。

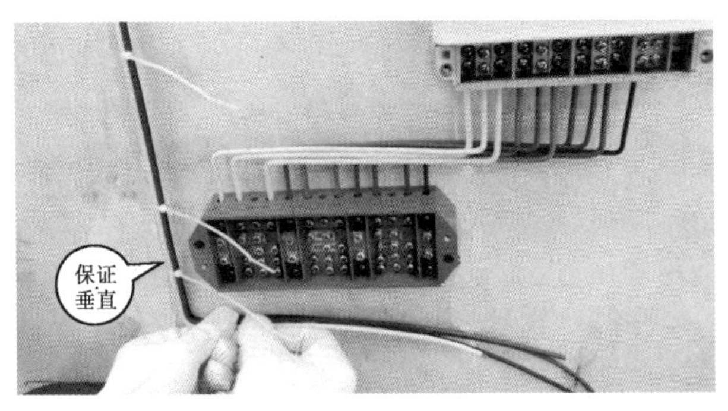

图 10-94　保持竖直

折弯后，量取距离，裁线，剥除绝缘皮，接线。先紧内侧螺丝，后紧外侧螺丝，调节铜芯在接线盒的长度，保证有两个压痕的同时，不露铜、不压皮，如图 10-95 所示。

☞注

剩线长超过 20cm，每根扣 2 分。

图 10-95　接入接线盒

继续将绿、红、中性线依次接入接线盒。在水平方向，将 4 根导线调节到一个平面，方便随后工艺的处理，如图 10-96 和图 10-97 所示。

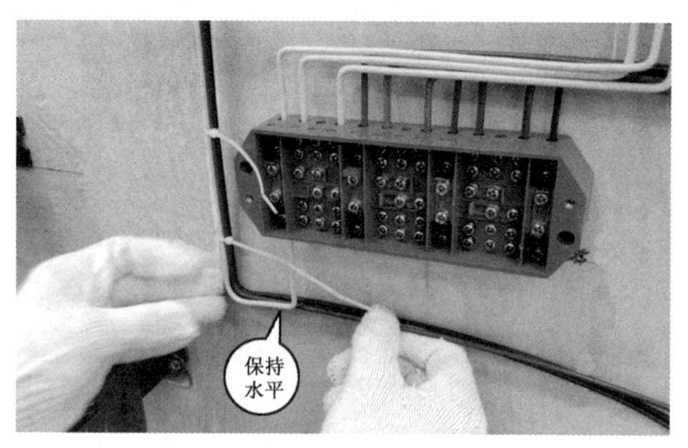

图 10-96　水平对齐

图 10-97　电压线布线

使用扳手紧固电压端子螺丝，注意旋转方向，扳手活动部分不得处在受力侧，如图 10-98 所示。

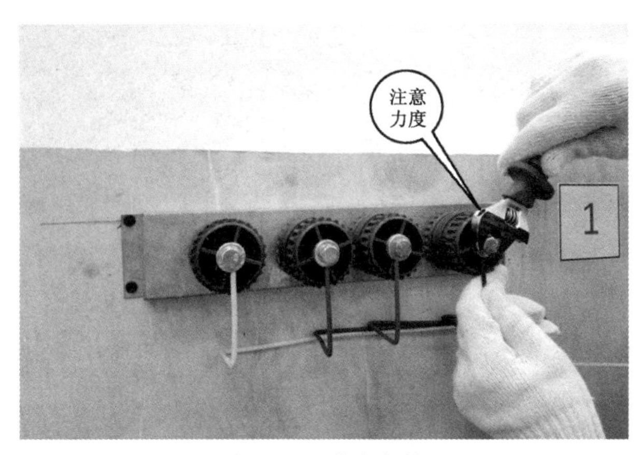

图 10-98　拧紧螺栓

12. 互感器处布线

互感器处布线主要有两种方式:不贴板布线和贴板布线。

(1)互感器不贴板布线:拆卸互感器螺丝(见图 10-99),穿线(单个互感器单根线穿接,倒用下一个接线的互感器螺丝)后,拆相邻螺丝进行紧固,以此类推,全部紧固后统一布线。注意:拆下的互感器螺丝反放于小车上,如图 10-100 所示。

图 10-99　拧下互感器螺丝

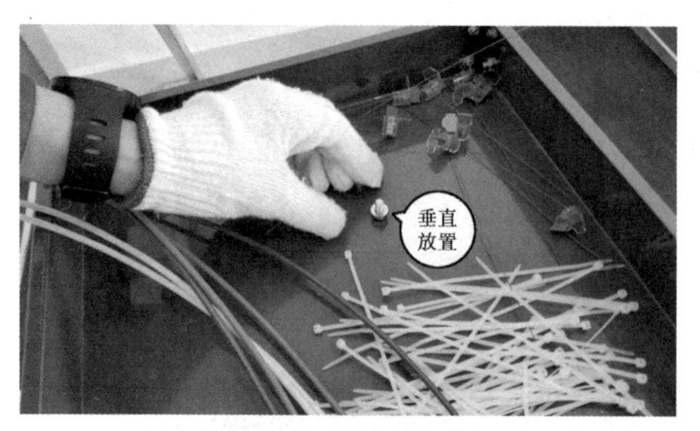

图 10-100　反放于小车上

螺丝卸下后，两手分别执导线两端，将导线穿入互感器孔内，如图10-101所示。

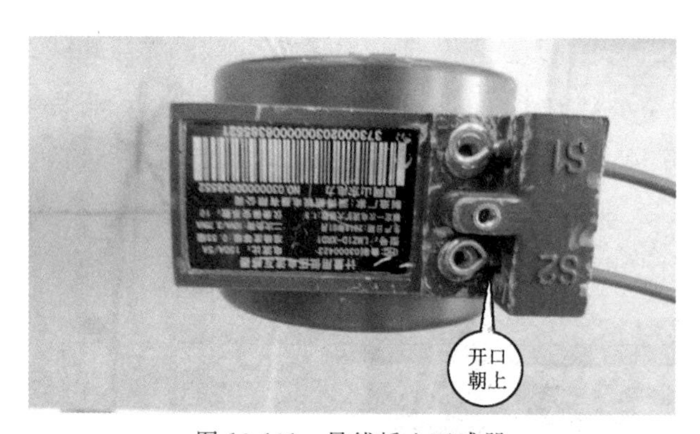

图 10-101　导线插入互感器

拆下另一个互感器的螺丝，将线固定。紧固螺丝时，配合调节羊眼圈位置，避免压皮和露铜现象，如图 10-102 和图 10-103 所示。

图 10-102　拆下另一个互感器的螺丝

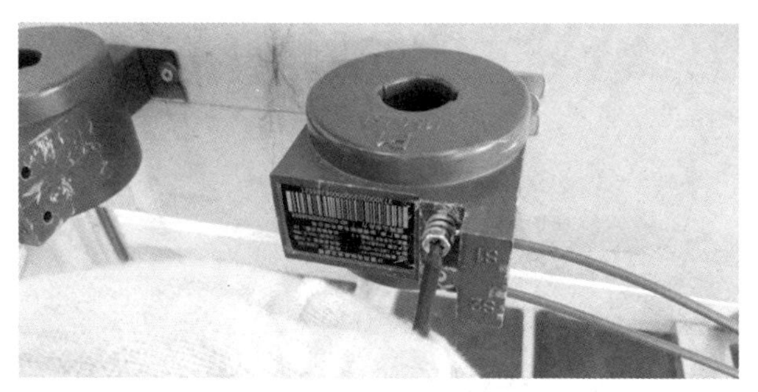

图 10-103　拧紧螺丝

用下一个互感器的盒盖和垫片，最后一只互感器用第一只互感器卸下的盒盖和垫片，依次将 6 根导线穿入 3 只互感器，如图 10-104 所示。

图 10-104　拆互感器盖

紧固盒盖螺丝时，将螺丝开孔调节到竖直方向，一步调节到位，方便施封。注意：紧固盒盖螺丝时，螺丝开孔朝上，如图 10-105 所示。电流线接入互感器如图 10-106 所示。

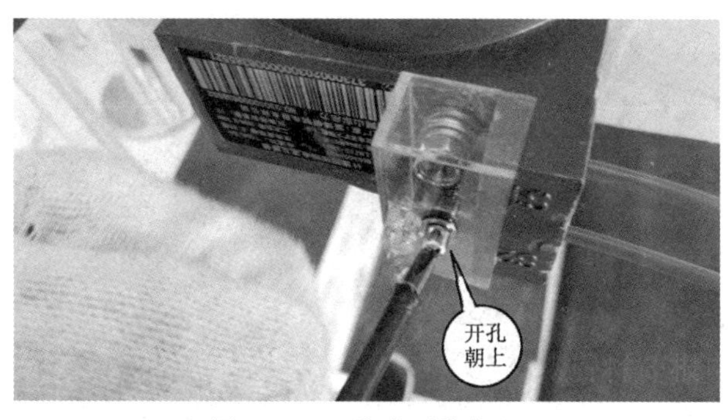

图 10-105　注意开孔朝上

图 10-106 电流线接入互感器

从黄色电流线开始布线，将黄色电流线离开互感器一拇指距离（黄色、绿色、红色线统一标准）向上折弯，如图 10-107 所示。

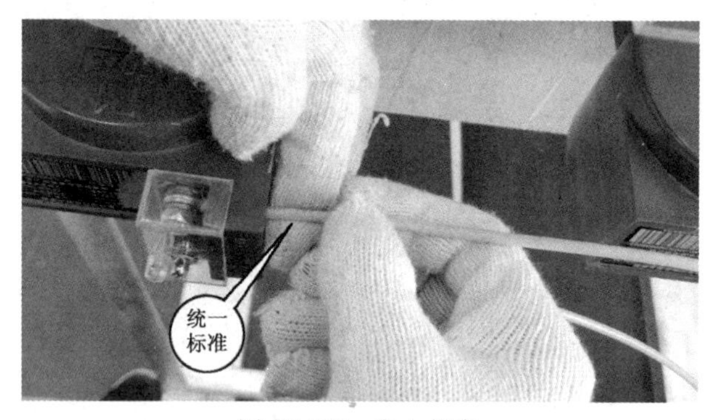

图 10-107 向上折弯

将两根线用扎带扎紧（注意扎带距离，与折弯点距离不超 5cm），如图 10-108 所示。

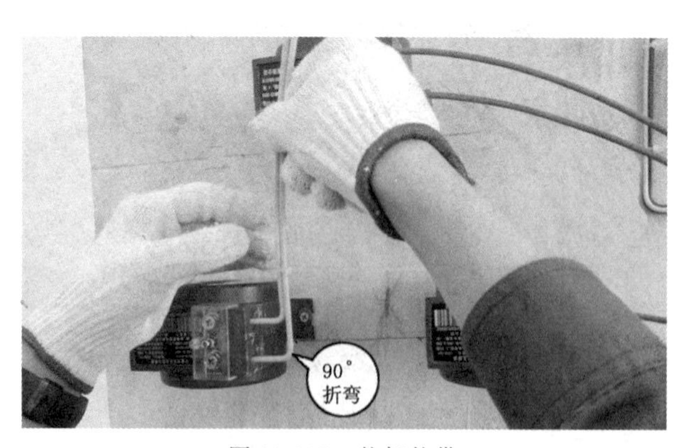

图 10-108 扎好扎带

将导线折为水平方向，确定折线点时，要与接好的电压线下表面齐平（便于绑扎，工艺美观），如图 10-109 所示。

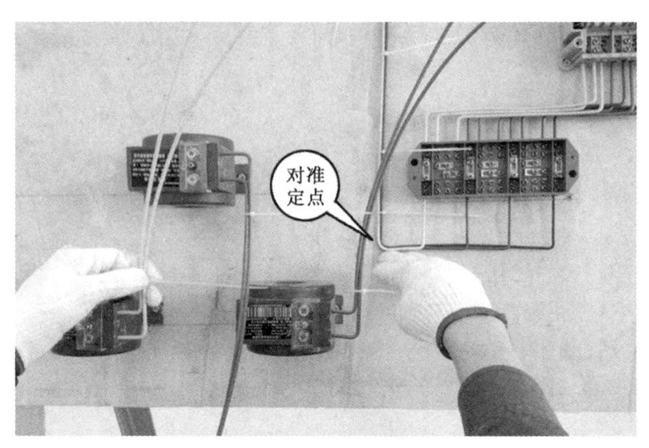

图 10-109　对准定点

确定折弯点后，两手顶住导线，折弯成型，如图 10-110 所示。

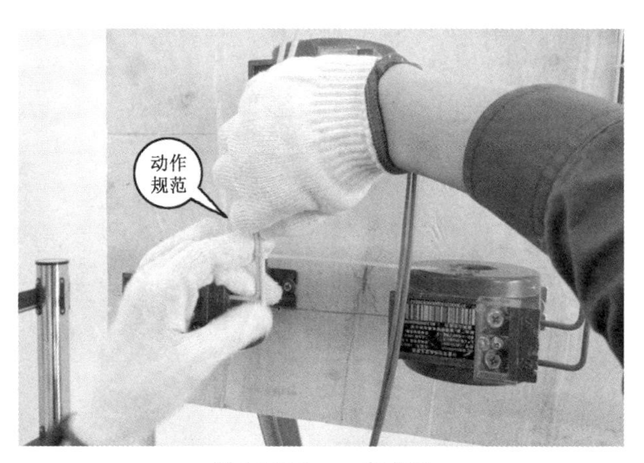

图 10-110　一步成型

用同样方式，将绿色电流线先折成竖直方向（向下折），再折成水平方向。将黄色电流线调为水平，绿色电流线调为竖直，两线交叉点处，黄色电流线的上表面为绿色电流线折弯点，用同样折弯方法，将绿色电流线折弯成型，如图 10-111 所示。

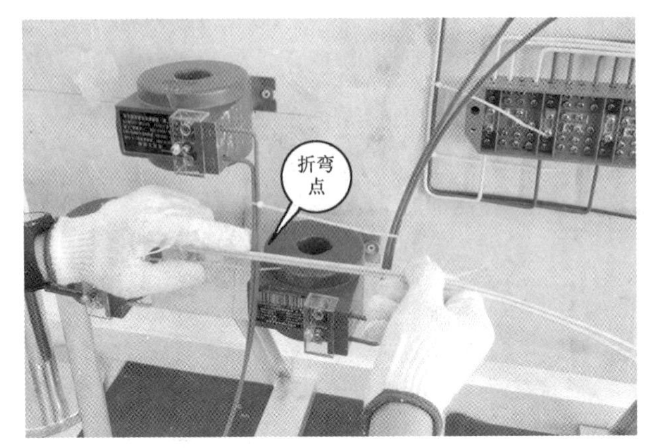

图 10-111　找准折弯点(一)

黄色、绿色电流线在水平方向用扎带绑扎，如图 10-112 所示。

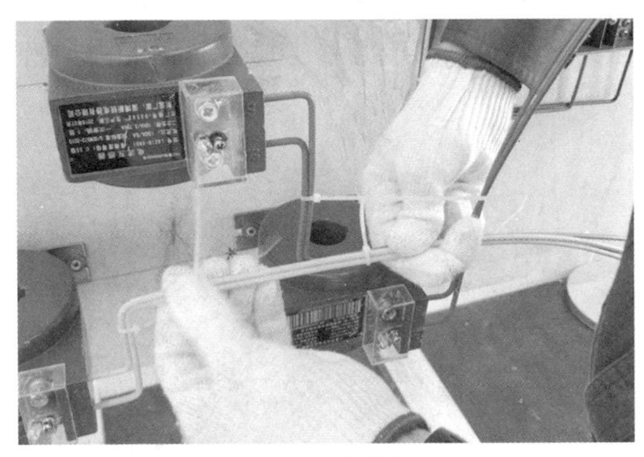

图 10-112　扎带绑扎

继续将红色电流线先折成竖直方向(向上折)，再折成水平方向。将扎在一起的黄色、绿色电流线调为水平，红色电流线调为竖直，两线交叉点处，黄色、绿色电流线的下表面为红色电流线折弯点，用同样折弯方法，将红色电流线折弯成型，如图 10-113 所示。

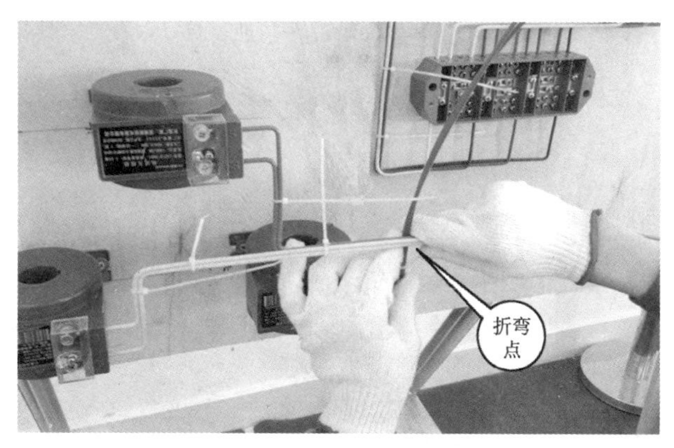

图 10-113　找准折弯点(二)

将 6 根电流线折向接线板,首先确定两个距离(找出两个折弯点):一是导线与接线板之间的距离,二是红色互感器出线后与竖直的电压线之间的距离,如图 10-114 所示。

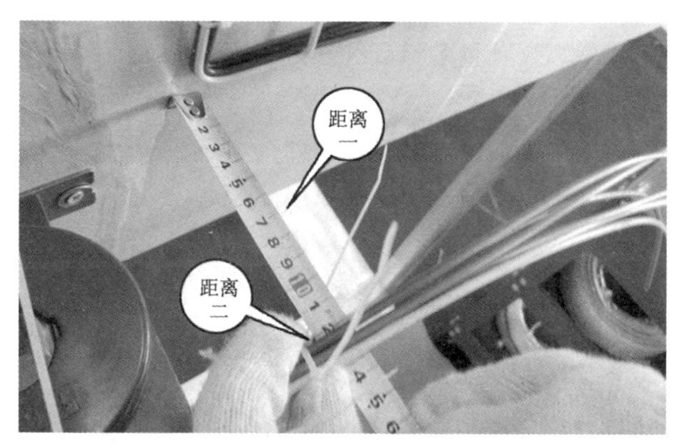

图 10-114　控制距离

两距离确定以后,左手捏住距离二确定的点(第一个折弯点),用距离一的长度丈量出导线的第二个折弯点,如图 10-115 所示。

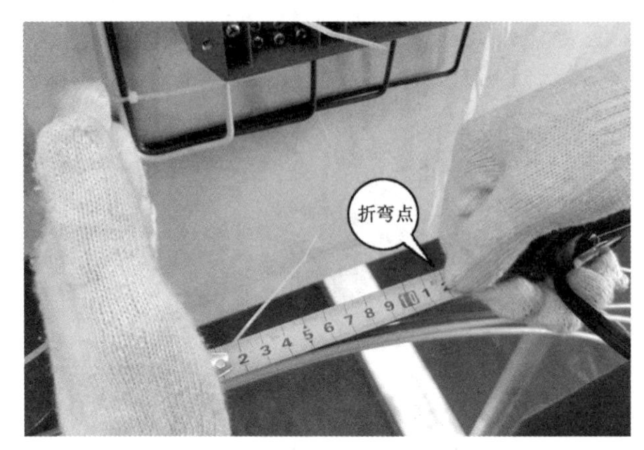

图 10-115　找准折弯点

在折弯点的前后适当位置，绑扎扎带（即不影响折弯，又满足扎带绑扎距离的要求）。扎带无须太紧，以便于折弯。两手握导线，左手顶住导线，右手将导线推进，折弯成型，如图 10-116 至图 10-118 所示。

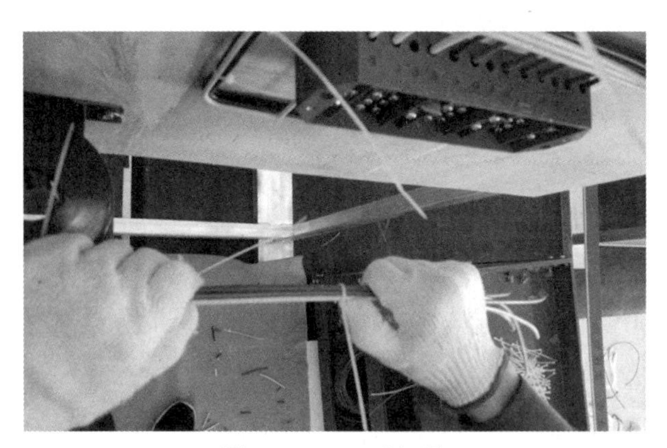

图 10-116　双手捏紧

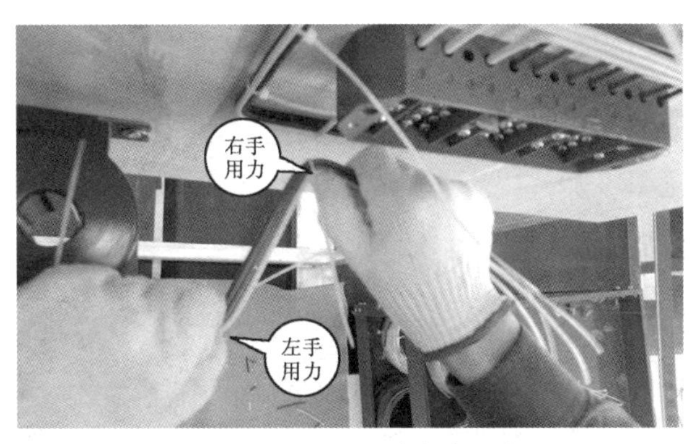

图 10-117　用力折弯

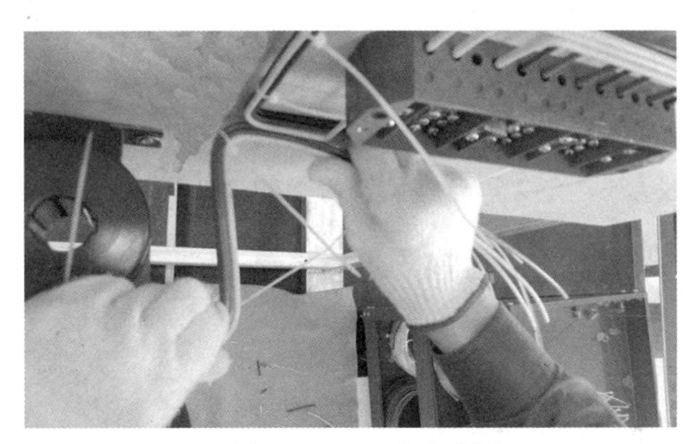

图 10-118　一步成型

折弯完成后，将绑扎的扎带全部扎紧，如图 10-119 所示。

图 10-119　扎紧扎带

调节导线的横平竖直，将电压线和电流线在靠近折弯的绑扎要求距离处，绑一条扎带（扎带太多影响工艺的美观和电流线的接线），如图

10-120所示。

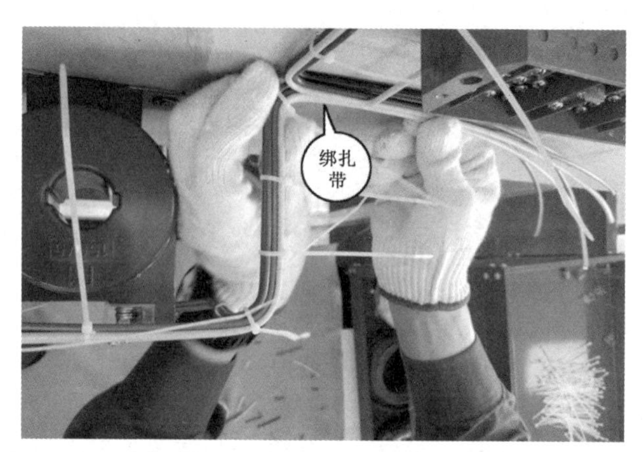

图 10-120 对齐并绑紧扎带

在水平方向，依次将黄色、绿色、红色线以电压线为基准，向上折弯，将其接入接线盒内，接线盒接线孔位为下侧 2、3 孔进，上侧 1、3 孔出，如图10-121和图 10-122 所示。

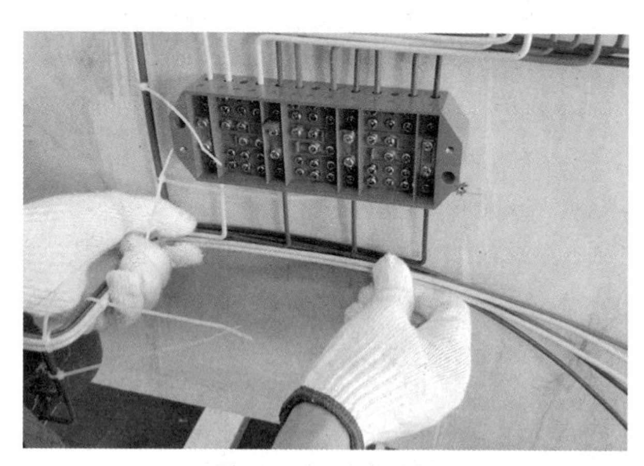

图 10-121 注意对齐

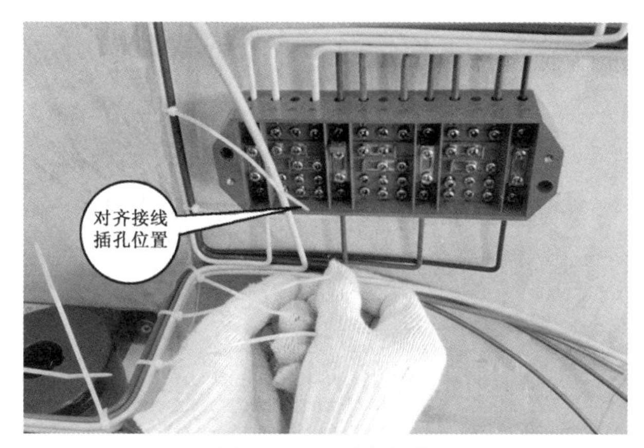

图 10-122　对齐折弯

裁线，剥除绝缘皮，接入接线盒，同样先紧固内侧螺丝，原因同上，不再赘述，如图 10-123 至图 10-125 所示。

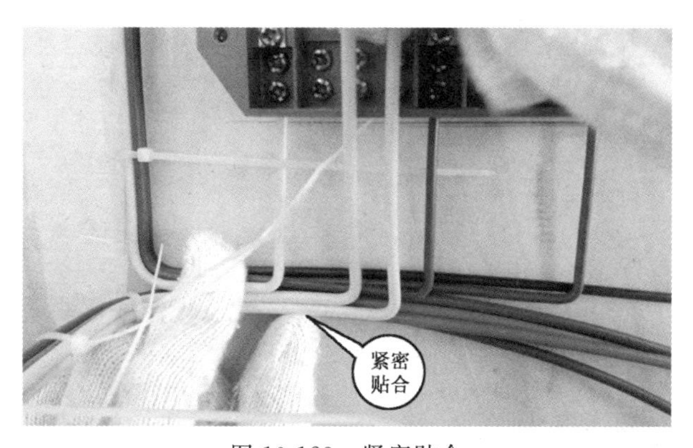

图 10-123　紧密贴合

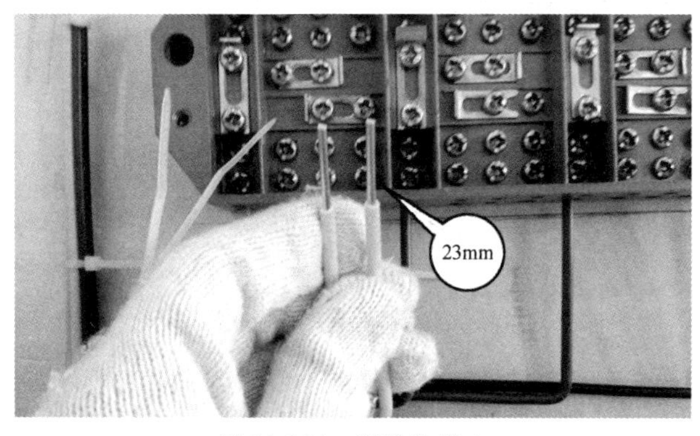

图 10-124　剥除绝缘皮

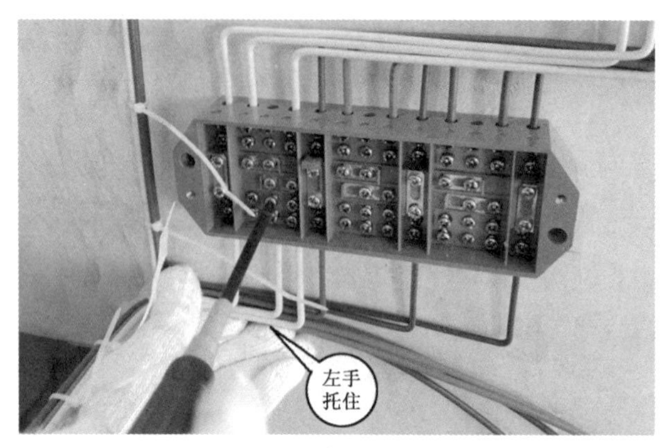

图 10-125　托住并拧紧螺丝

(2)互感器贴板布线：此方式接线从接线盒开始，红色、绿色、黄色线依次插入接线盒对应接孔紧固。从红色线开始，以接好的电压线为基准，依次折弯。

首先将两根红色电流线插入接线盒，如图 10-126 所示。

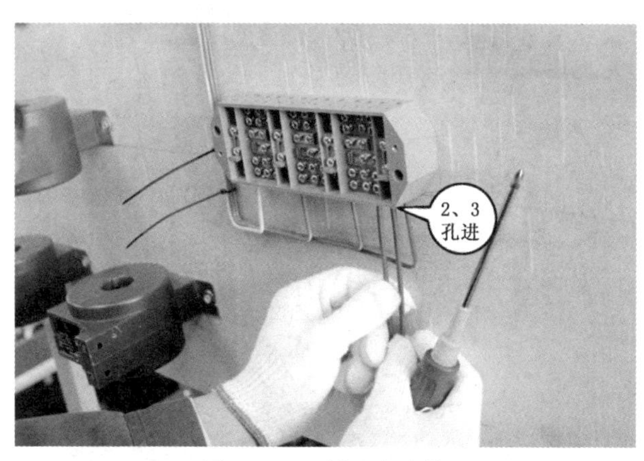

图 10-126　插入电流线

然后用螺丝刀紧固，先紧上排螺丝，后紧下排螺丝，如图 10-127 所示。

图 10-127　拧紧螺丝

以已安装的红色电压线为基准，依次弯折两根红色电流线，如图10-128所示。

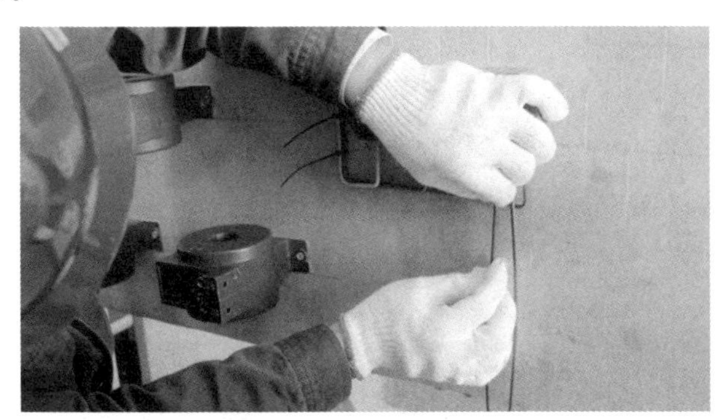

图 10-128　电流线折弯

使得 3 根红色导线垂直紧密排列，如图 10-129 所示。

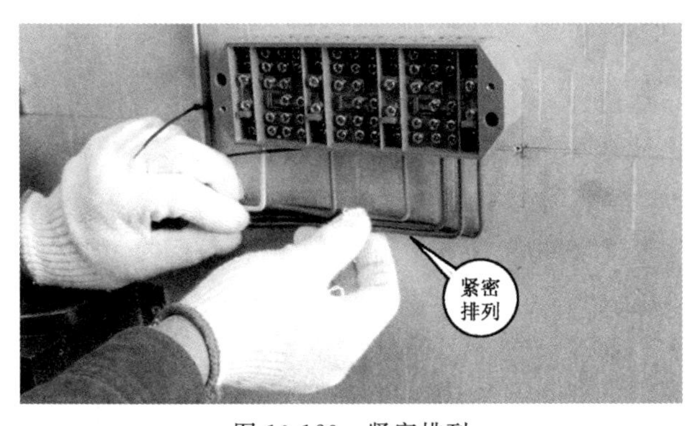

图 10-129　紧密排列

以红色导线为下层，中层以同样方法进行绿色导线布线，如图 10-130 所示。

图 10-130　绑扎固定

以绿色导线为中层，上层以同样方法进行黄色导线布线，如图 10-131 所示。

图 10-131　电流线全部接入接线盒

以竖直布线的 4 条电压线为基准，将 2 条红色电流线向下弯折，使得整体呈十字布线格局，如图 10-132 所示。

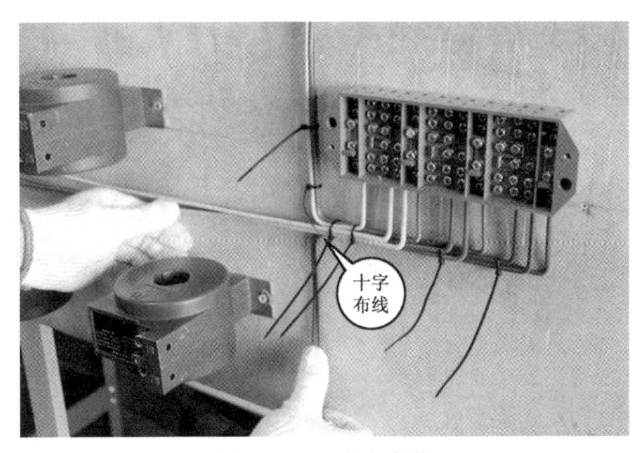

图 10-132　十字布线

将 2 根红色电流线依次垂直板面弯折，折弯点与对应相电流互感器接线端孔水平对齐，如图 10-133 和图 10-134 所示。

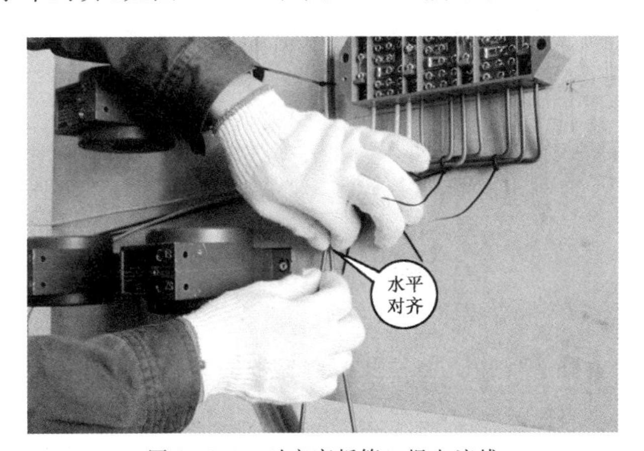

图 10-133　对齐弯折第一根电流线

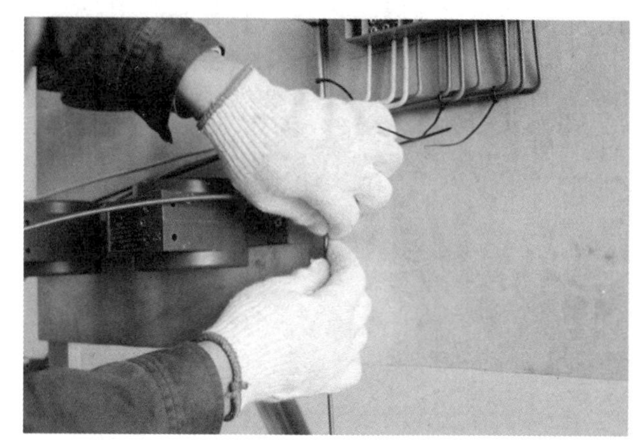

图 10-134　对齐弯折第二根电流线

保持红色电流线垂直板面，依次将 2 根电流线向电流互感器接线端孔弯折，弯折点距板距离与对应相电流互感器接线端孔距板距离保持一致，接线盒左侧导线接 S1 端子，右侧导线接 S2 端子，如图 10-135 和图 10-136 所示。

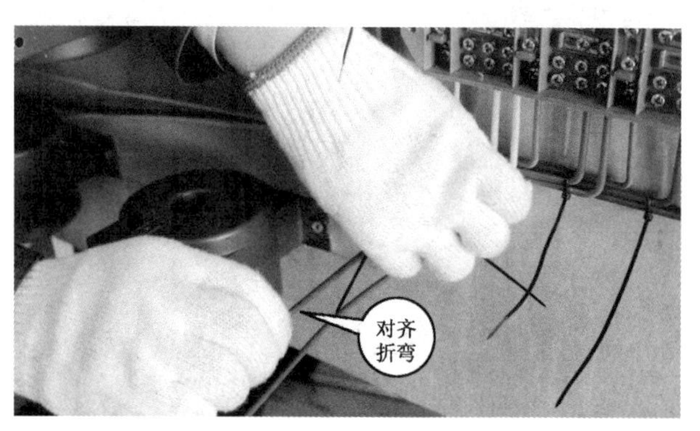

图 10-135　对准折弯

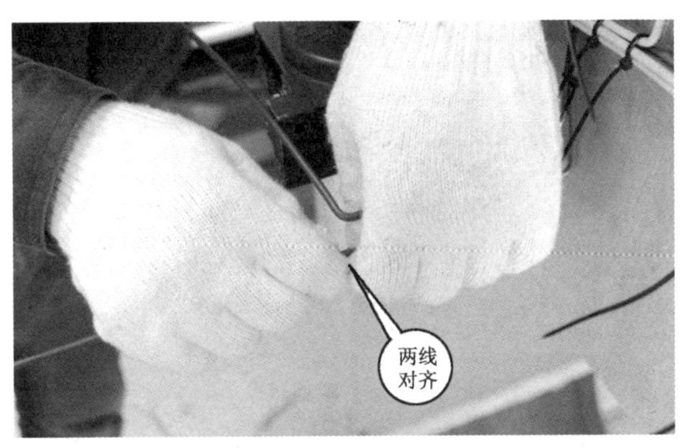

图 10-136 两线平行

将互感器接线螺母卸下，如图 10-137 所示。

图 10-137 松卸螺丝

保持红色电流线垂直板面，将多余电流线进行裁剪，保留导线长度为导线穿出电流互感器接线端孔，从接线孔右侧起留 2.4cm 左右。然后依次对两根导线进行剥皮，剥皮长度为 2.4cm，如图 10-138 所示。

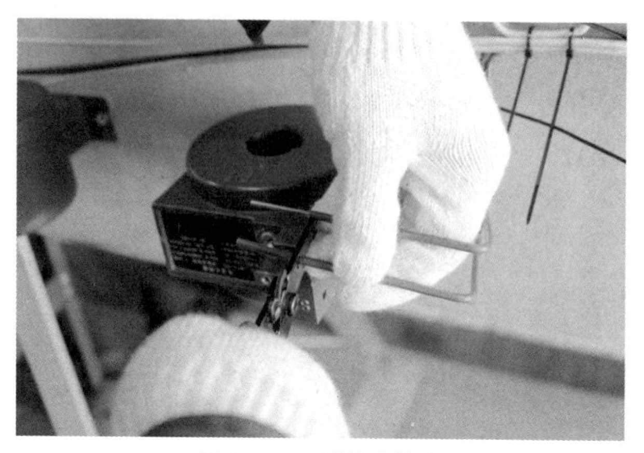

图 10-138　剥除绝缘皮

将 2 根导线插入互感器接线端孔中，如图 10-139 所示。

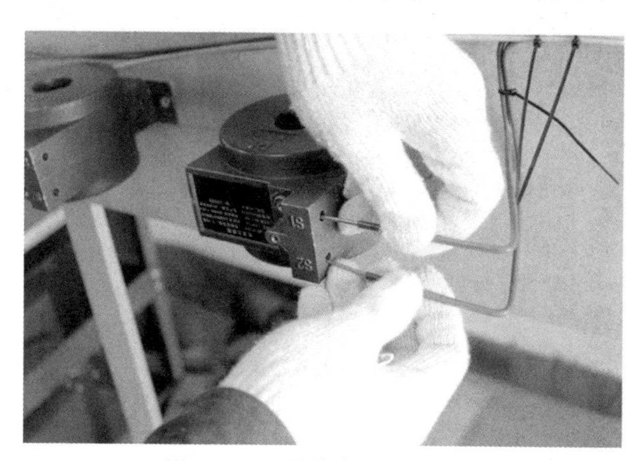

图 10-139　导线穿过互感器孔

使用尖嘴钳捏住裸露导线根部，向下弯折，弯折角度大于 90°(约 120°)，如图 10-140 所示。

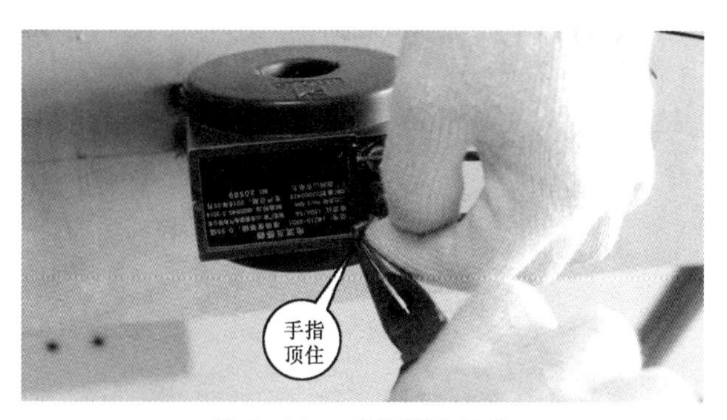

图 10-140 手指顶住导线

用手指抵住裸露导线根部，使用尖嘴钳捏住裸露导线端部进行弯折。尖嘴钳外表面要与导线铜芯截面齐平，尖嘴钳向上弯曲过程中用力要均匀，不能间断，一步成型，如图 10-141 和图 10-142 所示。

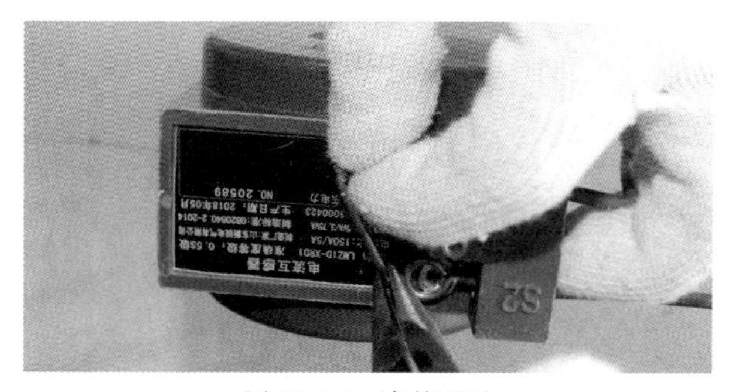

图 10-141 弯羊眼圈

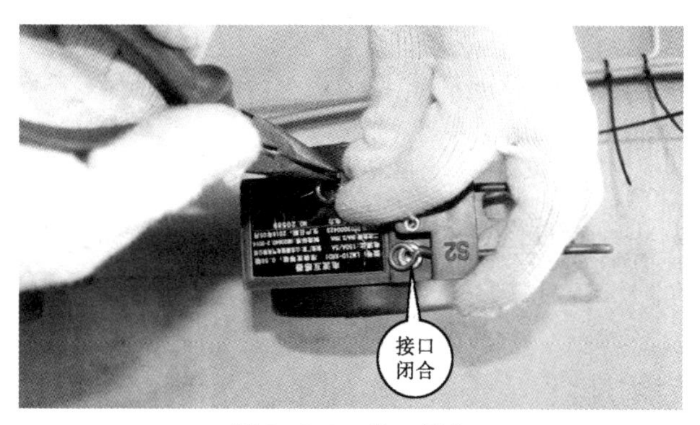

图 10-142 接口闭合

弯曲好的羊眼圈如图 10-143 所示。

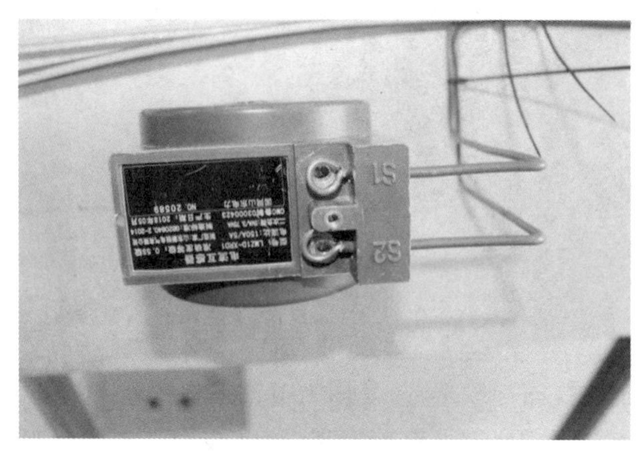

图 10-143　电流线羊眼圈

将互感器接线螺母进行安装，要求羊眼圈处于两个平垫片之间，如图 10-144 所示。

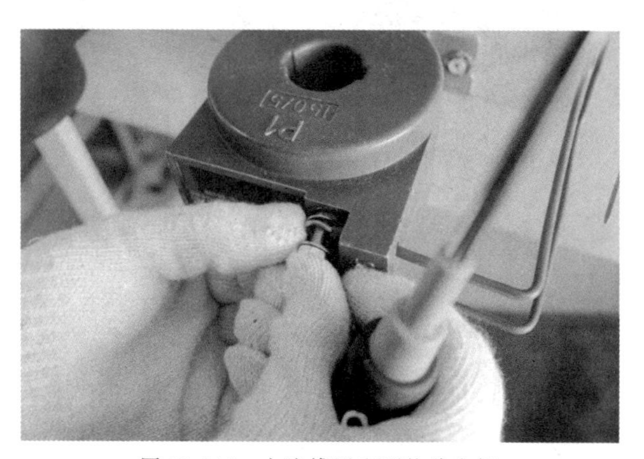

图 10-144　电流线置于两垫片之间

安装内侧垫片时可以借用螺丝刀调整垫片位置，如图 10-145 所示。

图 10-145　调整位置

拧紧螺丝时，注意调节羊眼圈位置，不露铜，不压皮，如图 10-146 所示。

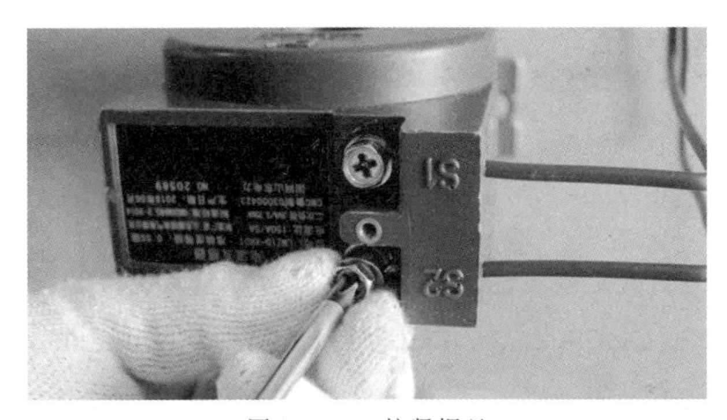

图 10-146　拧紧螺丝

红色电流线对应互感器安装完毕，如图 10-147 所示。

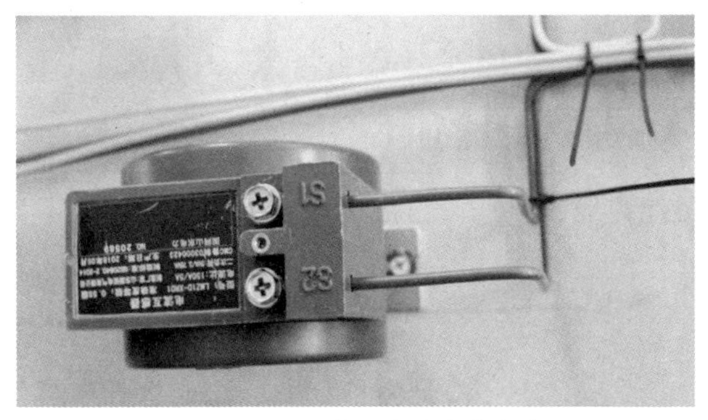

图 10-147　红色电流线安装完毕

以类似方法，进行绿色电流线的安装。在保持导线水平布线的同时，将2根绿色电流线向上弯折，弯折点距对应互感器的水平距离与红色电流线相同。如图10-148和图10-149所示。

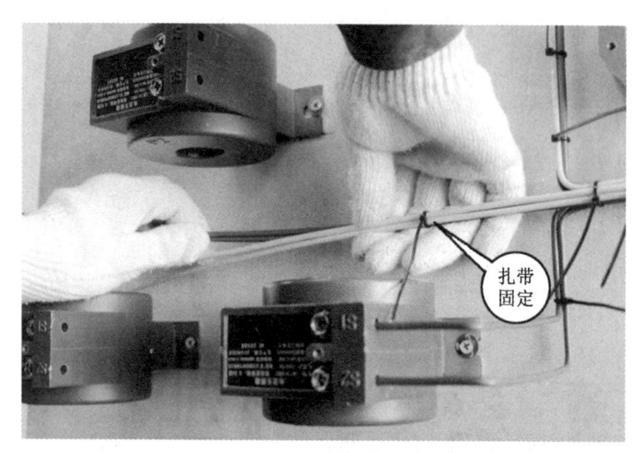

图10-148 扎带固定

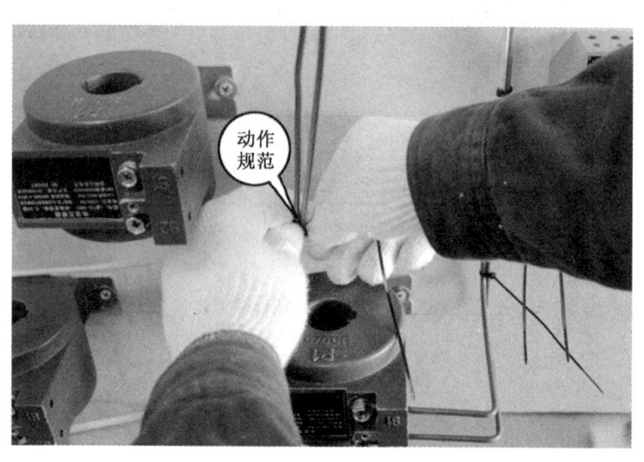

图10-149 对齐折弯

绿色电流线裁线、安装步骤与红色电流线相同，此处不再赘述，如图10-150所示。

图 10-150　绿色电流线安装完毕

以同样方法安装黄色电流线，安装过程此处不再赘述，如图 10-151 所示。

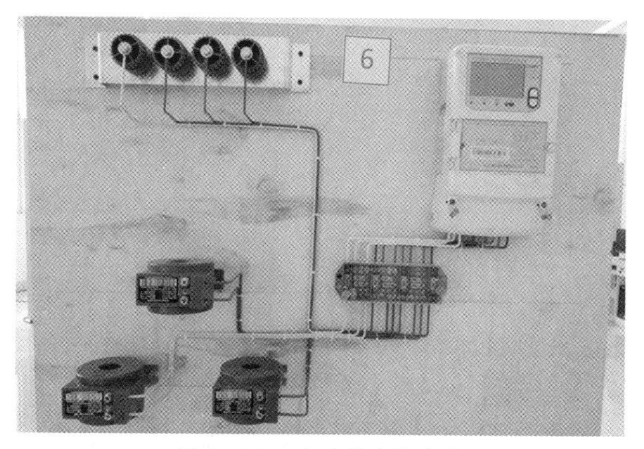

图 10-151　电流线布线完成

13. 扎带绑扎

布线完毕，拧紧螺丝，统一绑扎带，绑扎带过程中注意调节工艺，如图 10-152 所示。

☞注

元器件掉落，每次扣 2 分；造成设备损坏，每次扣 5 分。

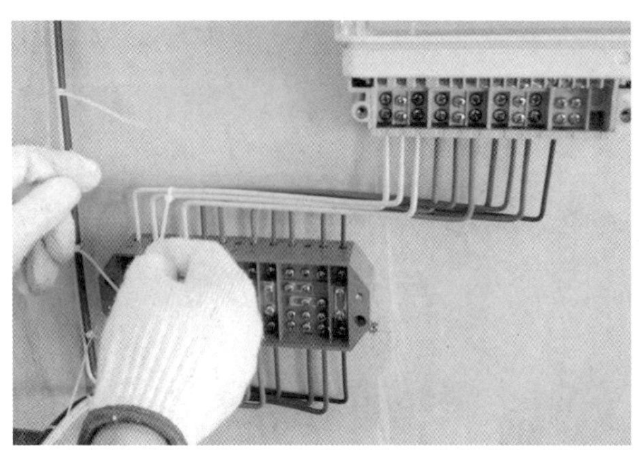

图 10-152　扎带绑扎

14. 上盒盖，打铅封

安装强弱电隔离板如图 10-153 所示。

注

计量回路未施封，每处扣 2 分；施封不规范，每处扣 1 分；出现不安全行为，每次扣 5 分；现场未恢复扣 5 分，恢复不彻底扣 2 分；损坏工具，每件扣 2 分。

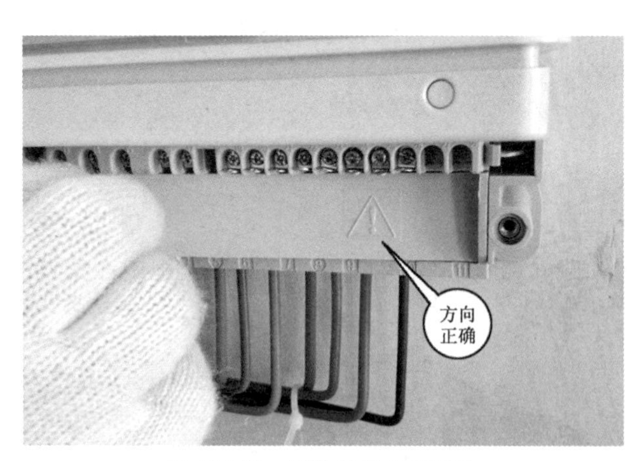

图 10-153　安装强弱电隔离板

表尾上的螺丝孔要与盒盖孔冲直，方便施封，避免二次调整，如图

10-154所示。

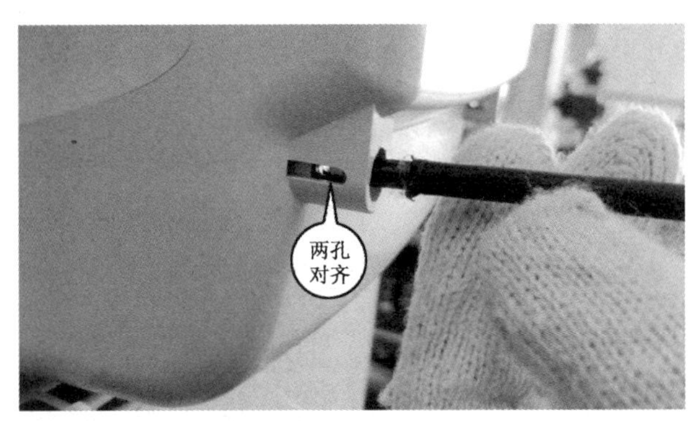

图 10-154　安装表尾盖

接线盒封盖前，检查拨片是否到位，如图 10-155 所示。

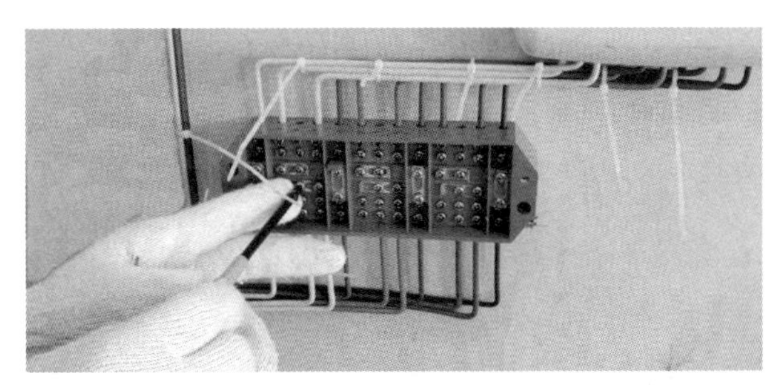

图 10-155　检查拨片

盒盖螺丝孔要与盒盖孔方向平行(上下方向)，方便施封，避免二次调整，如图 10-156 所示。

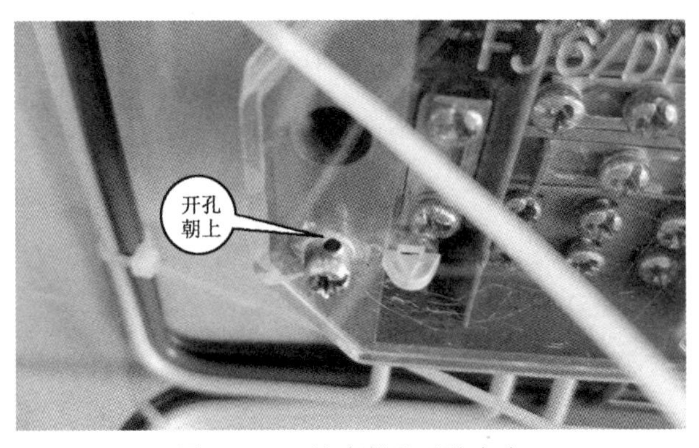

图 10-156　注意螺丝开孔方向

铅封尾部适当抽出一段，能较快旋紧，节省时间，如图 10-157 所示。

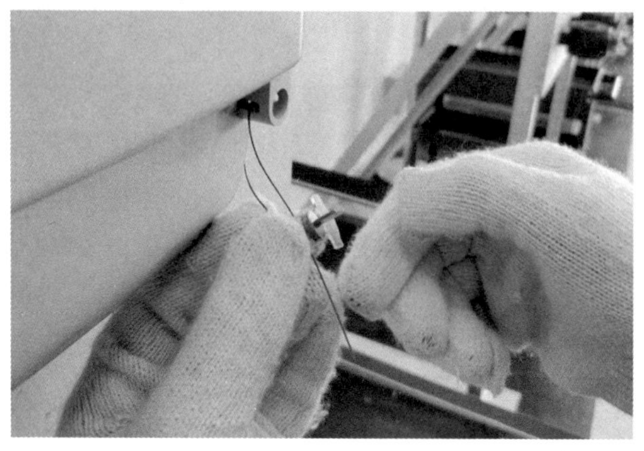

图 10-157 打铅封

拧紧后将铅封手柄折断，如图 10-158 所示。

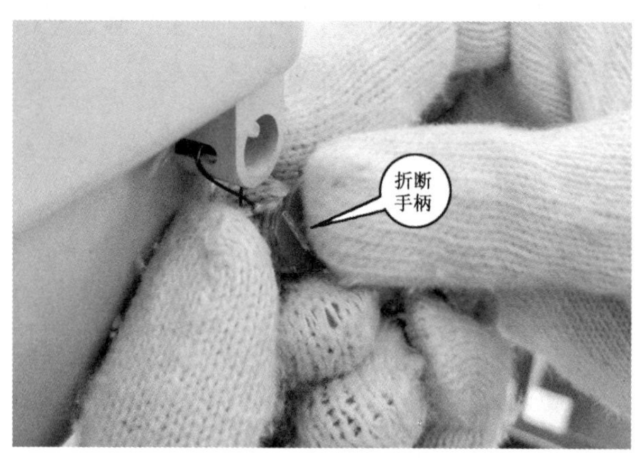

图 10-158 折断手柄

统一剪掉扎带尾，剩余长度不能超过 2mm，如图 10-159 所示。

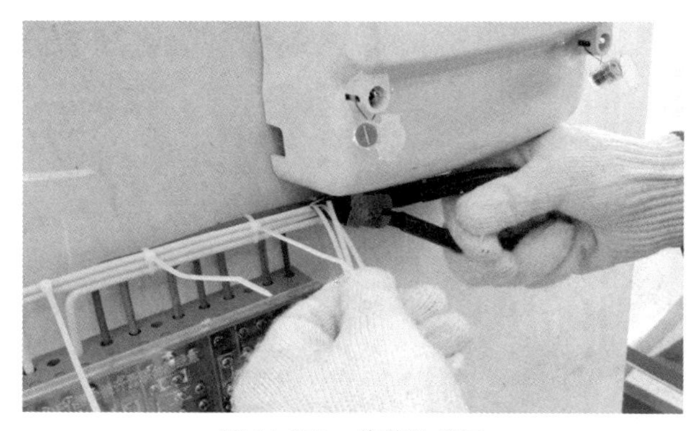

图 10-159　裁剪扎带尾

再次对整个盘面的工艺进行整理，如图 10-160 所示。

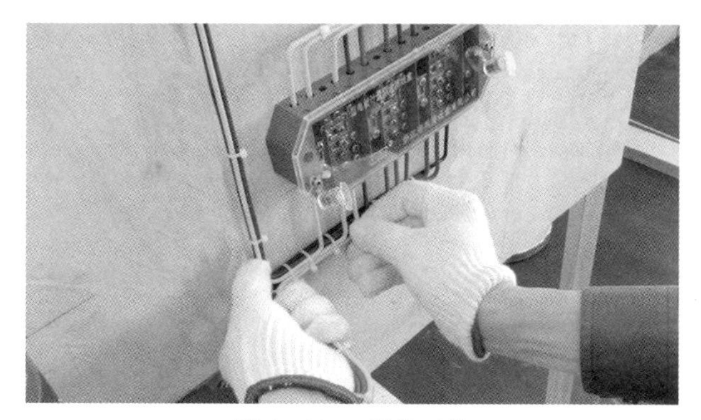

图 10-160　调整工艺

15. 清理现场

整理现场，包括打扫剥下的绝缘皮、裁线垃圾，整理剩余导线等，报告“现场清理完毕，工作结束”，如图 10-161 和图 10-162 所示。

图 10-161　清理现场

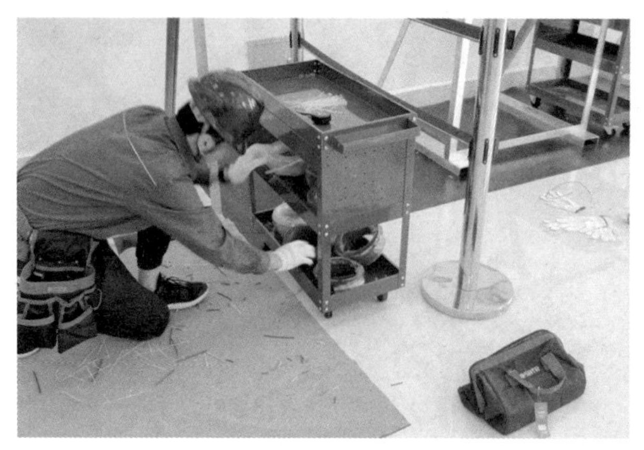

图 10-162　整理导线

撤出现场后，再次观察整个盘面和作业现场情况（工艺、垃圾清理、器具有无遗漏等情况），确认无问题后，报告并上交工作单，如图 10-163 所示。

☞注

工作单未上交扣 5 分。

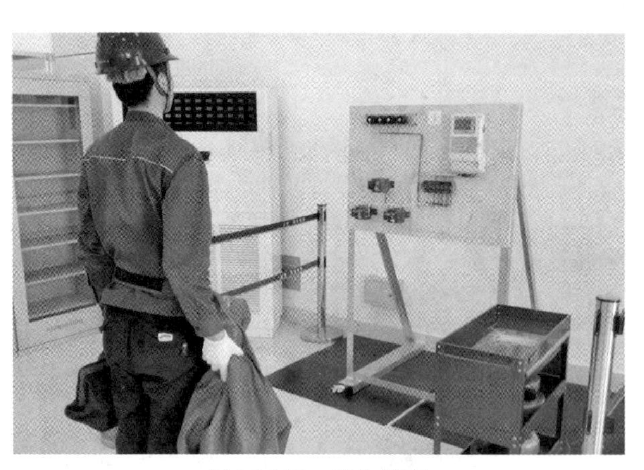

图 10-163　报告结束

两种接线方式的接线效果如图 10-164 和图 10-165 所示。

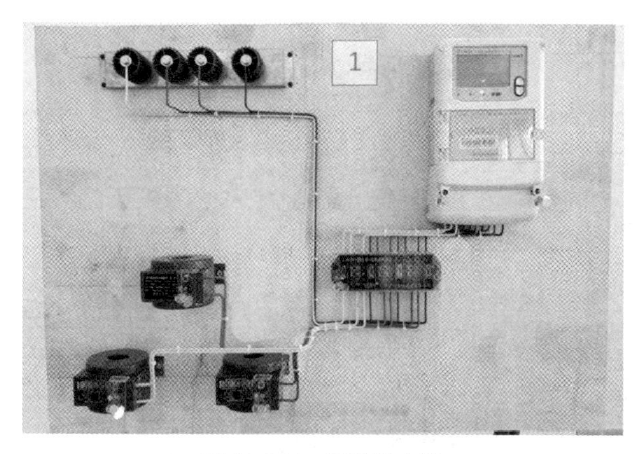

图 10-164　不贴板布线

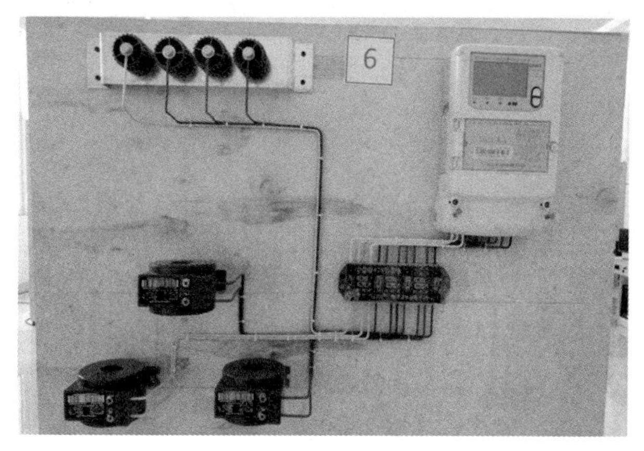

图 10-165　贴板布线

填写完毕后的工作单如图 10-166 所示。

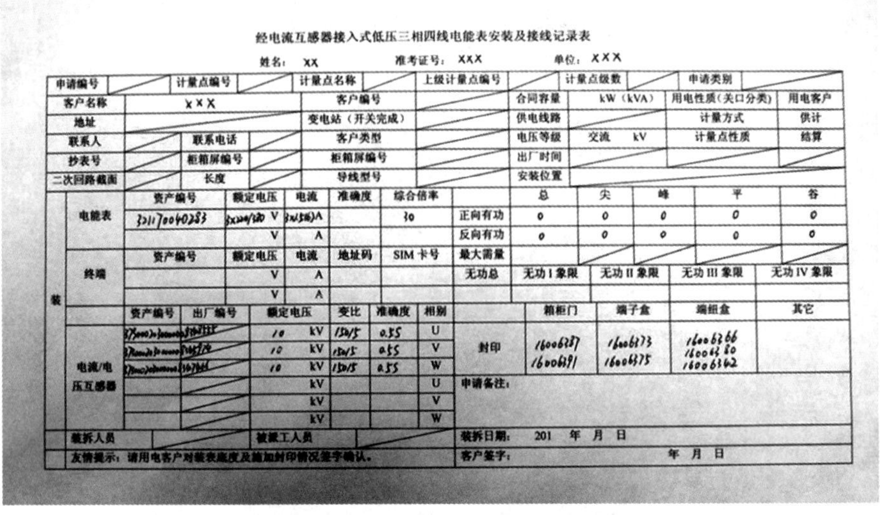

经电流互感器接入式低压三相四线电能表安装及接线记录表

姓名：XX　　准考证号：XXX　　单位：XXX

申请编号		计量点编号		计量点名称		上级计量点编号		计量点级数		申请类别	

客户名称	×××			客户编号		合同容量	kW（kVA）	用电性质（关口分类）	用电客户
地址				变电站（开关完成）		供电线路		计量方式	供计
联系人		联系电话		客户类型		电压等级	交流　kV	计量点性质	结算
抄表号		柜箱屏编号		柜箱屏编号		出厂时间			
二次回路截面		长度		导线型号		安装位置			

装		资产编号	额定电压	电流	准确度	综合倍率		总	尖	峰	平	谷
	电能表	32117004028?	3×220/380 V	3×1.5(6)A		30	正向有功	0	0	0	0	0
			V	A			反向有功	0	0	0	0	0
	终端	资产编号	额定电压	电流	地址码	SIM 卡号	最大需量					
			V	A			无功总	无功 I 象限	无功 II 象限	无功 III 象限	无功 IV 象限	
			V	A								

	资产编号	出厂编号	额定电压	变比	准确度	相别		箱柜门	端子盒	端纽盒	其它
电流/电压互感器	[illegible]	[illegible]	10 kV	150/5	0.5S	U	封印	16006387 16006391	16006373 16006375	16006366 16006380 16006362	
	[illegible]	[illegible]	10 kV	150/5	0.5S	V					
	[illegible]	[illegible]	10 kV	150/5	0.5S	W					
			kV			U	申请备注：				
			kV			V					
			kV			W					

装拆人员		接拆工人员		装拆日期：　201　年　月　日
友情提示：请用电客户对装表底度及施加封印情况签字确认。				客户签字：　　年　月　日

图 10-166　填写完毕的工作单

（四）注意事项

1. 接线整理和检查

（1）对工艺接线进行最后检查，确认接线正确，进行导线捆绑。用尼龙扎带捆绑成型，捆绑间距符合要求，修剪扎带尾线。

（2）电能表、终端、互感器接线端钮等处应铅封。

2. 清理现场

（1）工器具整理。逐件清点、整理工器具。

（2）材料整理。逐件清点、整理剩余材料。

（3）现场清理。工作结束，清理施工现场，确保做到文明施工、不留垃圾、安全操作。

七、技能等级认证标准

经电流互感器接入式低压三相四线电能表安装及接线考核评分记录表如表 10-4 所示。

表 10-4　　经电流互感器接入式低压三相四线电能表安装及接线考核评分记录表

姓名：　　　　准考证号：　　　　单位：　　　　时间要求：60min

序号	项目评分	考核要点	配分	标准	得分	扣分	备注
1	工作准备						
1.1	着装穿戴	1. 穿工作服、绝缘鞋 2. 戴安全帽、线手套	5	1. 未穿工作服、绝缘鞋，未戴安全帽、线手套，每项扣 2 分 2. 着装穿戴不规范，每处扣 1 分			
1.2	材料选择及工器具检查	选择材料及工器具齐全，符合使用要求	5	1. 工器具齐全，缺少或不符合要求，每件扣 1 分 2. 工具未检查、检查项目不全、方法不规范，每件扣 1 分			
2	工作过程						
2.1	填写工作单	正确填写工作单	5	1. 工作单漏填、错填，每处扣 2 分 2. 工作单填写有涂改，每处扣 1 分			
2.2	带电情况检查	操作前不允许碰触柜体，验电步骤合理	10	1. 未检查扣 5 分 2. 未验电、验电前触碰柜体扣 5 分 3. 验电方法不正确扣 3 分			
2.3	电能表导通测试、互感器极性测试	测试方法正确	5	未正确进行测试扣 5 分			
2.4	接线方式	接线正确，导线线径、相色选择正确	15	1. 导线选择错误，每处扣 2 分 2. 导线选择相序颜色错误，每相扣 5 分 3. 接线错误本项及 2.5 项不得分			

续表

序号	项目评分	考核要点	配分	标准	得分	扣分	备注
2.5	设备安装	1.设备安装工序合理、操作熟练、作业安全，满足作业指导书的相关要求 2.设备安装布局美观，接线正确、顺序合理 3.安全工器具使用得当 4.不得发生设备损坏或影响设备运行效果的作业行为	50	1.压接圈应在互感器二次端子两平垫之间，不合格每处扣1分 2.压接圈外露部分超过垫片的1/3，每处扣2分 3.线头超出平垫或闭合不紧，每处扣1分 4.线头弯圈方向与螺丝旋紧方向不一致，每处扣1分 5.接线应有两处明显压点，不明显每处扣2分 6.导线压绝缘层，每处扣2分 7.横平竖直偏差大于3mm，每处扣1分，转弯半径不符合要求，每处扣2分 8.导线未扎紧、间隔不均匀、间距超过15cm，每处扣2分 9.离转弯点5cm处两边扎紧，不合格每处扣2分 10.芯线裸露超过1mm，每处扣1分 11.导线绝缘有损伤、有剥线伤痕，每处扣2分 12.剩线长超过20cm，每根扣2分 13.元器件掉落，每次扣2分；造成设备损坏，每次扣5分 14.计量回路未施封，每处扣2分；施封不规范，每处扣1分			

续表

序号	项目评分	考核要点	配分	标准	得分	扣分	备注
3	工作终结验收						
3.1	安全文明生产	汇报结束前，所选工器具放回原位，摆放整齐；无损坏元件、工具；无不安全行为	5	1.出现不安全行为，每次扣5分 2.现场未恢复扣5分，恢复不彻底扣2分 3.损坏工具，每件扣2分 4.工作单未上交扣5分			
合计得分							
否定项说明：1.严重违反《国家电网公司电力安全工作规程》；2.违反职业技能鉴定考场纪律；3.造成设备重大损坏；4.发生人身伤害事故。							

考评员：　　　　　　　　　　　　　　　　　　　　年　　月　　日

八、项目记录表

经电流互感器接入式低压三相回线电能表安装及接线记录表如表10-5所示。

表 10-5　　经电流互感器接入式低压三相四线电能表安装及接线记录表

姓名：　　　　准考证号：　　　　单位：

申请编号		计量点编号		计量点名称		上级计量点编号		计量点级数		申请类别	
客户名称				客户编号		合同容量		kW(kVA)		用电性质(关口分类)	用电客户
地址				变电站(开关完成)		供电线路				计量方式	供计
联系人		联系电话		客户类型		电压等级		交流　kV		计量点性质	结算
抄表号		柜箱屏编号		柜箱屏编号		出厂时间					
二次回路截面		长度		导线型号		安装位置					

装											
	电能表	资产编号	额定电压	电流	准确度	综合倍率		总	尖	峰	平	谷
			V	A			正向有功					
			V	A			反向有功					
	终端	资产编号	额定电压	电流	地址码	SIM卡号	最大需量					
			V	A			无功总	无功 I 象限	无功 II 象限	无功 III 象限	无功 IV 象限	
			V	A								

	资产编号	出厂编号	额定电压	变比	准确度	相别		箱柜门	端子盒	端组盒	其它
电流/电压互感器			kV			U	封印				
			kV			V					
			kV			W					
			kV			U	申请备注：				
			kV			V					
			kV			W					

装拆人员		被派工人员		装拆日期：201　年　月　日
友情提示：请用电客户对装表底度及施加封印情况签字确认				客户签字：　　年　月　日

第十一章　低压客户抄表核算

电费抄核收主要包括抄表、核算、催费、收费、营销侧账务处理过程中的作业、检查和考核等工作。正确抄表核算是确保电费准确、及时、全额回收的基础，电费管理是电力营销工作的核心，是电能商品交换的最终环节，是资金回笼和流通中至关重要的一道程序，也是电力企业经营绩效的最终体现。这一环节工作的好坏，直接关系到电力企业的经营效益；关系到企业能否及时、准确、足额向客户收取电费；关系到能否足额向国家上缴税金；关系到能否向全社会电力消费者提供优质、快捷、方便的电力产品以及为企业经营决策提供科学准确的分析依据等。电费管理的成效决定企业的生存，加强电费管理工作，对于电力企业和整个国民经济来说都具有非常深远且重要的意义。

一、培训目标

通过专业理论学习和技能操作训练相结合的方式，能够使学员较全面掌握抄核收业务的基础知识，熟练掌握电量的计算，从而更好地将理论知识应用于实际，为客户提供更加优质的服务。

二、培训方式

理论学习采取以自学为主、问题答疑为辅的方式；实操采用教练现场讲解、现场演示、模块化练习和学员自由练习的方式。在培训结束时，进行理论考试和实操考核，检验学员学习成果。

为提高学习效率、强化练习效果，将抄表核算模块化讲解、针对性练习，影响抄表核算的关键环节给学员进行着重讲解，将整个过程细化、分解，教练讲解与学员感受相结合、讲与做相结合，摒弃盲目追求练习时间的错误方式，注重练习技巧和方法的掌握，进行分环节、活模式、开放性指导和富有弹性的练习。运用分解步骤、模块化练习、教练与学员交流的方式，针对性训练找不足，交流方法长经验，固化模式提效率，从方法上要效果，从技巧上提质量。

三、培训设施

培训设施及所需工器具如表 11-1 所示。

表 11-1　　培训工具及器材(每工位)

序号	名称	规格型号	单位	数量	备注
1	抄核收模拟装置	—	台	1	现场准备
2	三相四线电源	—	只	1	现场准备
3	三相四线智能电能表	—	只	2	现场准备
4	单相智能表	—	只	2	现场准备
5	验电笔	500V	只	1	现场准备
6	桌子	—	张	1	现场准备
7	凳子	—	把	1	现场准备
8	答题纸	—	张	若干	现场准备
9	抄表卡	—	张	1	现场准备
10	计算器	—	个	1	现场准备
11	板夹	—	块	1	现场准备
12	安全帽	—	顶	1	现场准备

续表

序号	名称	规格型号	单位	数量	备注
13	线手套	—	副	1	现场准备
14	签字笔	—	支	1	现场准备

四、培训时间

基础知识学习 …………………………………………… 2.0学时
设备介绍 ……………………………………………… 2.0学时
操作讲解、示范 ………………………………………… 2.0学时
分组技能操作训练 …………………………………… 6.0学时
技能测试 ……………………………………………… 2.0学时
合计:14.0学时。

五、基础知识点

(一)相关术语

目录电价:国家发改委批准的电价分类与水平。

电度电价:按用户用电度数计算的电价。

目录电度电价:不含代征电价的电度电价。

电价时段:电价对应的时段数目,目前有四种,即尖、峰、谷、平。

计费时段:指用户的计费电量具体执行哪个时段的电价。如按分时电价政策规定,峰时段的用电量是抄表周期内每日高峰时段的抄见电量的累加值等。

目录电度电费:根据用电客户用电量和目录电度电价计收的电费。

政府性基金及附加(代征电费):代征电费经有关法律、行政法规规定或经授权部门批准,随结算电量征收的基金及附加。

电度电费:为目录电度电费与代征电费之和。

基本电费:根据用电客户变压器的容量或最大需量和国家批准的基本电价计收的电费。

功率因数调整电费:按用户实际功率因数及该用户所执行的功率因数标准对用户承担的电费按功率因数调整电费表系数进行相应调整的电费。

变损分摊:变压器损耗分为有功损耗和无功损耗,通常按有功损耗和无功损耗分别执行分摊。其中计量点是定量的,不参与损耗分摊。

定量定比:用户受电点内难以按电价类别分别装设用电计量装置时,可装设总的用电计量装置,然后按其不同电价类别的用电设备容量的比例或实际可能的用电量,确定不同电价类别用电量的比例或定量进行计算,分别计价。

变损:变压器损耗由产权所有者承担。当变压器产权属于用户时,变压器损耗由用户承担(适用于高供低计客户)。

线损:线路损耗由产权所有者承担。当线路产权属于用户时,线路损耗由用户承担。

退补:由于计量故障、抄表失误、档案差错、违约窃电等原因,对用电客户进行退补电量或电费(退补电量参与一次电费核算过程,计算出相应的电费)。

结算电量:结算电量=抄见电量(剩余抄见电量)+变损+线损+退补电量。

结算电度电费:结算电度电费=结算电量×电度电价。

总电费:总电费=结算电度电费+基本电费+功率因数调整电费。

应收用户电费:指当期按国家规定向用户征收的全口径电费。

应收电费余额:指按财务统计口径在月末、年末24点时的账面余额,包括应收用户电费余额、应收网间电费余额。

用户电费回收率:指按营销统计口径计算的当期实收用户电费与应收用户电费比值的百分数。

(二)抄表管理

抄表管理是指供电企业为了按时完成抄表工作而采取的手段和措

施，是电费管理的一个重要环节和前提。抄表指正确抄录表计电字及相关信息，确保抄回的数据、信息真实、准确，它反映的要素是电量。

1. 抄表的相关规定

《供电营业规则》第八十三条规定：供电企业应在规定的日期抄录计费电能表读数。由于用户的原因未能如期抄录计费电能表读数时，可通知用户待期补抄或暂按前次用电量计收电费，待下次抄表时一并结清。因用户原因连续六个月不能如期抄到计费电能表读数时，供电企业应通知该用户终止对其供电。

《国家电网公司电费抄核收管理规则》第十四、十五条规定：严格按规定的抄表周期和抄表例日准确抄录客户用电计量装置记录的数据。严禁违章抄表作业，不得估抄、漏抄、代抄。确因特殊情况不能按期抄表的，应及时采取补抄措施；对 10kV 及以上电压等级客户和采集覆盖区域内的 0.4kV 及以下电压等级客户，全部采用远程自动抄表方式。

1)抄表方式介绍

(1)使用抄表卡手工抄表。抄表员持抄表卡现场抄录，将计费电能表示数记录在抄表卡上，回来后再录入营销业务应用系统中，这种抄表方式工作效率低、差错率高，多数地区已用其他方式替代。

(2)使用抄表机手工抄表。抄表机抄表是目前各公司的低压用户普遍采用的抄表方式，根据抄表任务安排，抄表人员将抄表信息下载到抄表机中，下载抄表数据后抄表人员持抄表机到现场抄表，上传抄表数据，并将现场发现的异常情况反馈到相关部门。

(3)远红外线抄表。抄表员持具有远红外线功能的掌上抄表机，通过红外发射端口和红外接收端口与掌上电脑抄表器进行通信。远距离接收计费电能表发出的数据信息，回来后将数据上传到营销业务应用系统中。从而实现远距离遥测电能表计量数据。

(4)负控远程抄表。由负控终端对计费电能表进行抄录，并返回数据给负控系统，再由负控系统传输到营销业务应用系统中，并可通过负控系统远程实施断、送电控制。

(5)集抄。利用采集系统主站，由主站通过远程通信信道将多个电能表的电量数据及相关用电信息集中抄读，再由采集系统传输到营销业务应用系统中，并可通过采集系统远程实施断、送电控制。目前随着智能表的安装，大多数地区已经实现全覆盖、全采集。

2)抄表作业规范

(1)采用现场抄表方式的，抄表员应到达现场，使用抄表卡或抄表机逐户对客户端用电计量装置记录的有关用电计量计费数据进行抄录。现场抄表工作必须遵循电力安全生产工作的相关规定，严禁违章作业。需要到客户门内抄录的，应出示工作证件，遵守客户的出入制度。

(2)抄表数据(包括抄表客户信息、变更信息、新装客户档案信息等)下装准备工作、抄表机与服务器的对时工作应在抄表前一个工作日或当日出发前完成，并确保数据完整正确。出发前，应认真检查必备的抄表工器具是否完好、齐全。

(3)抄表时，应认真核对客户电能表箱位、表位、表号、倍率等信息，检查电能计量装置运行是否正常，封印是否完好。对新装及用电变更客户，应核对并确认用电容量、最大需量、电能表参数、互感器参数等信息，做好核对记录。

(4)发现客户电量异常、违约用电或有窃电嫌疑、表计故障、有信息(卡)无表、有表无信息(卡)等异常情况，做好现场记录，提出异常报告并及时上报处理。

(5)采用抄表机红外抄表方式的，应在现场完成电能表显示数据与红外抄见数据的核对工作。当红外抄见数据与现场不符时，以现场抄见数据为准。

(6)抄表计划不得擅自变更。因特殊情况不能按计划抄表的，应履行审批手续。对高压客户不能按计划抄表的，应事先告知客户。

(7)因客户原因未能如期抄表时，应通知客户待期补抄并按合同约定或有关规定计收电费。抄表员应设法在下一抄表日到来前完成补抄。

(8)抄表后应于当日完成抄表数据的上装，上装前应确认该抄表段所有客户的抄表数据均已录入。因特殊情况当日不能完成上装的，须履行审批手续并于次日完成。

(9)对新装客户应做好抄表例日、电价政策、交费方式、交费期限及欠费停电等相关规定的提示告知工作。

2. 采用远程自动抄表方式的相关规定

应将原抄表流程中抄表计划制定、抄表数据准备、远程抄表等环节优化为系统自动实现。

(1)远程抄表前,应监控远程自动抄表流程状况、数据获取情况,对远程自动抄表失败、抄表数据异常的,应立即进行消缺处理。

(2)在采用远程自动抄表方式后的前三个抄表周期内,应每个周期进行现场核对抄表。发现数据异常,立即处理。

(3)正常运行后,对连续三个抄表周期出现抄表数据为零度的客户,应抽取一定比例进行现场核实。其中,10kV 及以上客户应全部进行现场核实;0.4kV 非居民客户应抽取不少于 80%的客户,居民客户应抽取不少于 20%的客户。

当抄表例日无法正确抄录数据时,应在抄表当日安排现场补抄,并立即进行消缺处理。

对远程自动抄表异常客户现场核抄时,如现场抄见读数与远程获取读数不一致,以现场抄见读数为准。

3. 抄表时的服务规范

(1)仪表整洁,佩戴工作证。

(2)对待客户要热情,和客户沟通时要使用礼貌用语,如“您好”“请”“谢谢”“对不起”“再见”等。

(3)如需进入客户室内需敲门:每次连续敲三下,敲门轻重应根据不同情况(如耳聋、盲人、残伤、夜班)做到恰到好处。如客户有反应,则停止敲门,切忌大声喧叫。

(4)不随意乱坐和不准翻动客户的东西,客户主动招待要婉言谢绝,禁止向客户“吃、拿、卡、要”。

(5)抄表时,应分脚站立开、关表箱,并注意周围环境,保障操作安全。

(6)对客户提出的相关问题,及时解答或处理,如有异议,应说明情况,但不要忽视客户的抱怨,不要与客户发生争执,不要损坏国网形象,不得顶撞、谩骂和无理取闹。

(7)抄表数据应及时进行复核。发现电量突变或分时段数据不平衡等异常情况,应立即进行现场核实;确有异常时,应提出异常报告并及时处理。

(8)抄表当天应完成全部抄表数据复核工作,并及时将流程转往电费核算环节。

4.抄表管理内容

为了方便管理,将用电客户(含考核计量点,下同)按抄表段进行分组,并为每一个抄表段制定抄表计划、分派抄表人员,使抄表人员在规定日期通过手工抄表、抄表机抄表、自动化抄表等多种方式获取抄表示数。同时,为了减少计费差错,需要对抄表示数进行复核,对抄表异常及时进行处理。在整个抄表管理过程中,还需要对抄表人员、抄表机、自动化抄表、抄表工作量、抄表工作质量、零度户等进行相应管理,以确保抄表工作顺利进行。

抄表管理包括抄表段管理、抄表机管理、抄表计划管理、抄表数据准备、抄表机抄表、自动化抄表、手工抄表、抄表数据复核、抄表异常处理、抄表工作量管理、抄表工作质量管理等内容。

5.抄表管理在业务处理中与其他业务类存在关联关系

(1)从客户档案管理业务类获取新装增容及变更用电的客户信息,进行抄表段管理(维护抄表段,新客户调整抄表段、调整抄表段信息等。

(2)领用抄表机时,从资产管理业务类的出库管理获取抄表机型号、抄表机编号、购入人、购入时间、领用部门、领用时间等。

(3)抄表机报废时传送抄表机报废申请到资产业务类的入库管理。

(4)提交抄表异常信息到核算管理业务类、新装增容及变更用电业务类、用电检查管理业务类。

(5)抄表数据复核完成后,进入电费计算。

6.抄表段管理

抄表段是对用电客户和考核计量点进行抄表的一个管理单元。建立抄表段是为了便于规范抄表管理工作和保质保量地完成抄表任务,使抄表工作有序开展,是为按时完成抄表工作而采取的手段和措施,是电费管理的一个重要环节和前提。

同义词:抄表区、抄表册、抄表本。

1)抄表段设置

抄表段设置应遵循抄表效率最高的原则,综合考虑客户类型、抄表周期、抄表例日、地理分布、便于线损管理等因素。

(1)同一抄表段内的电力客户的抄表周期、抄表例日应相同。抄表段一经设置,应相对固定。

(2)调整抄表段应不影响相关客户正常的电费计算。新建、调整、注销抄表段,须履行审批手续。

(3)新装客户应在归档后 3 个工作日内编入抄表段。注销客户应在下一抄表计划发起前撤出抄表段。

2)抄表周期

抄表段建立后,应根据抄表段的属性确定抄表段的抄表周期和抄表例日,抄表周期管理执行以下规定:

(1)抄表周期为每月一次。确需对居民客户实行双月抄表的,应考虑单、双月电量平衡并报省公司营销部批准后执行。

(2)对用电量较大的客户、临时用电客户、租赁经营客户以及交纳电费信用等级较低的客户,应根据电费回收风险程度,实行每月多次抄表,并按国家有关规定或合同约定实行预收或分次结算电费。

(3)对高压新装客户应在接电后的当月进行抄表。对在新装接电后当月抄表确有困难的其他客户,应在下一个抄表周期内完成抄表。

(4)抄表周期变更时,应履行审批手续,并事前告知相关客户。因抄表周期变更对居民阶梯电费计算等带来影响的,应按相关要求处理。

(5)对实行远程自动抄表方式的客户,应定期安排现场核抄,核抄周期由各单位根据实际需要确定,10kV 及以上客户现场核抄周期应不超过 6 个月;0.4kV 及以下客户现场核抄周期应不超过 12 个月。

3)抄表例日

抄表例日管理执行以下规定:

(1)35kV 及以上电压等级客户抄表时间应安排在月末 24 点,其他高压客户抄表时间应安排在每月 25 日以后。

(2)对同一台区的客户、同一供电线路的专变客户、同一户号有多个计量点的客户、存在转供关系的客户,抄表例日应安排在同一天。

(3)对每月多次抄表的客户,应按供用电合同或电费结算协议有关条款约定的日期安排抄表。约定的各次抄表日期应在一个日历月内。

(4)抄表例日不得随意变更。确需变更的,应履行审批手续并告知线损相关部门。抄表例日变更时,应事前告知相关客户。因抄表例日变更对阶梯电费计算等带来影响的,应按相关要求处理。

7. 抄表工作量、工作质量管理

1)抄表工作量管理

抄表工作量管理即对实抄表率、抄表正确率、抄表信息完整率进行统计,按人员、管理单位统计实抄表率、抄表正确率、抄表及时率、月末抄表电量比重、零点抄表电量比重,并可根据管理单位、抄表状态、抄表方式汇总得出应抄户数、实抄户数、未抄户数、估抄户数、超期户数、提前抄表户数,为营销分析与辅助决策提供数据支持。

(1)抄表系数

抄表系数即根据客户类型、客户区域、表类型、表位置、抄表方式等要素确定的、划分抄表难易程度的系数。抄表系数定义标准必须是可以量化的,并尽量做到客观、公正。

①以国网省公司为单位根据客户类型、客户区域、表类型、表位置、抄表方式等要素确定抄表系数的定义标准。

②根据抄表系数定义标准,以管理单位、抄表段、客户为单位自动生成每块运行表计的抄表系数,然后人工修正。

③当客户的客户类型、客户区域以及客户表的表类型、表位置、抄表方式等要素发生变化时修改抄表系数。

(2)抄表工作量统计

统计抄表人员、抄表段、班组、管理单位的抄表工作量。根据抄表系数计算每块运行表的抄表工作量,统计不同时间段抄表人员、抄表段、班组、管理单位的抄表工作量,抄表工作量是统计范围内所抄电能表抄表系数之和。

(3)相关名词

应抄户数:月抄表计划的户数。

实抄户数:月抄表计划的实抄户数。

未抄户数:月抄表计划的未抄户数。

估抄户数:月抄表计划的估抄户数。

超期户数:实际抄表日期大于计划抄表日的总户数。

提前抄表户数:实际抄表日期小于计划抄表日的总户数。

实抄率=(实抄户数/应抄户数)×100%

计划完成率=(计划抄表日的抄表户数/计划抄表户数)×100%

抄表正确率=(实抄户数-差错户数)/实抄户数×100%

抄表及时率=(按抄表例日完成的抄表户数/实抄户数)×100%

月末抄表电量比重=(每月25日及以后的抄见户售电量之和/月售电量)×100%

月末零点抄表电量比重=(月末24点抄见户售电量之和/月售电量)×100%

2)工作质量管理

即建立抄表质量评价及监督考核制度。对实抄率、抄表正确率、抄表信息完整率进行考核。为营销分析与辅助决策提供抄表统计数据资料。

监督抄表计划执行情况,以系统分析、现场抽查等方式对抄表质量进行监督。对已完成的抄表任务建立抄表稽查计划,可重新抄表并与已完成的抄表数据比较,建立抄表质量评价及监督考核制度,进行抄表质量评价及监督考核。

(1)工作内容。对完成的抄表任务采用随机抽查、指定抄表人员或抄表段的方法建立抄表稽查计划,重点检查存在客户投诉抄表差错的抄表段;或通过分析各抄表段每时段抄表数量分布图得到可能估抄的抄表段,建立抄表稽查计划。

如需现场抄表的,可采用手工或抄表机现场稽查抄表。

稽查抄表完成后,将现场示数录入或上传到系统,与该客户该月抄表示数进行比较。

(2)当现场稽查抄表示数小于计费抄表示数时,计费抄表示数为估抄。

(3)当稽查抄表示数大于计费抄表示数时,稽查折算抄见电量扣除计费抄见电量,与计费抄见电量比较波动率超过一定比例即可初步判断为估抄，但需管理部门确认。其中：

①稽查折算抄见电量＝稽查抄表抄见电量－日均用电量×（稽查抄表日期－计费抄表日期）

②日均用电量＝稽查抄表抄见电量/（稽查抄表日期－上次计费抄表日期）。

(4)管理部门参考稽查结果判断抄表质量。

3)零度户管理

(1)零度户一般是指在某个抄表周期内、抄见电量为零的客户。产生零度户的原因有多种，归纳起来主要有以下几种：

①由于客户原因连续几个月不用电，如居民住宅长期不居住、企业政策性关停、季节性用电客户等，同时客户也未到供电企业办理中止供电手续，造成抄表员仍然按正常抄表计划抄表。

②抄表员漏抄主要是指新装或改变用电地址后的电力客户，由于抄表信息未及时更新或抄表员的疏忽大意漏抄，漏抄后又按上月表码确认。

③贸易结算用电能表故障，造成停走或损坏，无法正常记录电量。

④对于连续多月用电量为零的客户，需派专人进行检查。筛选出连续数月不用电客户清单，根据清单，核查客户不用电的原因。

(2)零电量客户的处理方法。

抄表员对零电量户进行处理时，应针对零电量户出现的不同原因，分门别类地进行处理，具体处理方法如下：

①对于长期不居住、季节性客户或政策性关停形成的零电量户，抄表员应积极与客户取得联系，协调客户到供电部门办理暂停或终止供电手续。如因客户原因连续六个月未能正常抄表，应按照《供电营业规则》相关规定，通知客户终止对其供电，待重新用电时，按新装办理。

②对于抄表员漏抄形成的零电量户，待核实清楚原因后，应积极与客户协调在下一个抄表周期追补上次电量，同时应加强抄表实抄率考核，提高抄表工作质量，避免由此给优质服务工作带来的隐患。

③抄表员在当月抄见客户表计电量为零时，现场了解客户的实际用电情况，查实客户确实未用电或计量装置故障导致零电量。

④遇到锁门时，抄表人员应设法与电力客户取得联系，入户抄表或在

抄表周期内另行安排时间抄表。对本抄表周期内确实无法抄表的电力客户,只可暂按上月电量估抄一次。如果该户属于经常性锁门户,应主动与电力客户约定时间上门抄表或向营销管理部门建议将客户电能计量装置移到室外。因电力客户原因,未将电能计量装置移出室外,造成连续六个月未能正常抄表的,可按照《供电营业规则》有关规定,由供电企业通知电力客户终止对其供电。

8. 抄表复核

为减少抄表差错,在抄表结束后对抄表数据进行人工复核检查。经过抄表复核,对现场手工抄表填写工作单或抄表机上传所反映的异常内容进行分析,也可现场核查对问题进一步分析,并根据问题分类,进行抄表异常处理。

1)抄表异常

在抄表过程中发现的异常情况,应该根据异常分类,将抄表过程中发现的抄表异常信息填写抄表异常清单,记录抄表时发现的表计烧坏、停走、空走、倒走、卡字、封印缺少、丢失,用户违约用电、窃电、用电量突增、突减等异常内容。及时提交有关部门处理,各部门按职责及时处理。

2)异常处理

(1)突增:用电量突然超过平均电量25%～30%,当作异常,需要再次核实。

(2)突减:用电量突然减少平均电量25%～30%,当作异常,需要再次核实。

(3)翻转:假如计量表为4位数的表计,当表码走到9998之后再走到5,计量表实际走的表码为:(10000－9998)＋5。

(4)倒转:表倒走,如上次为9998,本次为9991,此时应该对计量装置进行校验。

3)异常类别

异常分为两类,即抄表异常、计量异常,通过表11-2可在抄表过程中正确判断出异常情况。

表 11-2 异常类别

异常分类	异常类别	异常说明
抄表异常	超出抄见电量波动率范围	超出电量值，波动范围值（专变多表用户按用户表计分别报送）
	总电量与各时段电量不平	总电量和各时段电量差额比值超过 0.1%
	总表电量小于套表电量	总表电量小于套表电量之和
	漏抄	抄表状态为“未抄”
	无功示数异常	无功表码存在分时数据
	示数本期小于上期	本次示数小于上次示数
	倍率不一致	结算倍率与流程倍率不一致
	示数不连续	上次示数与本次示数不一致
	示数类型选择错误	用户总表码与分时表码逻辑性不一致，总表或时段示数有缺失
	示数重复及不完整	同一块表计，表计示数重复；分时表码及无功表码未维护示数类型或漏输表码数据
	表码位数	表码位数错误
	换表止码异常	换表流程未录入止码或换表止码小于上月抄码
	失压数据变化	本月失压数据与上月不一致
	需量异常	需量和电量逻辑不符，最大需量小于时段需量，有电量无须量或有需量无电量
	容需对比异常	需量大于容量 120%，需量不足容量 40%。
	分布式电源电量异常	上网电量大于发电量
	零电量	系统连续 3 个月零电量用户
	等电量	系统连续 3 个月等电量用户
	主表和考核表电量不一致	误差大于两表允许误差绝对值之和
计量异常	计量变更用电	计量流程未归档
	计量装置故障（烧表、黑屏等）	是否需追补电量

9. 抄表准备

1)要求抄表工作人员能在指定抄表日前做好抄表的准备工作。

对使用抄表器进行现场抄表的供电企业，抄表工作人员应在规定抄表日前，完成指定抄表区信息数据的下载工作，并检查信息的正确性及完整性。在使用抄表器前，还应检查抄表器的内存电池是否能满足正常使用要求等。

对使用自动抄表方式进行现场抄表的情形，抄表工作人员应在规定抄表日的前一天，完成对全部应抄客户的试抄表工作，对发现无法正常抄录数据的客户，应及时查找原因，设法消除故障；对确认无法排除的故障，应及时报告，另行组织人员采用其他方式完成数据的获取工作。

2)要求抄表工作人员与初次抄表的新增客户提前取得联系，约定好抄表方式及说明抄表时间。对需去现场抄表的客户，抄表人员还应向客户了解计量装置现场安装情况，必要时还可以进行现场查勘，以保证在规定抄表日内顺利完成抄表工作。

3)要求抄表人员在去客户现场抄表前，完成检查需携带的相关物件。

(1)检查抄表资料是否齐全、完好，包括《电费缴费通知单》《抄表联系单》《计量装置故障处理单》及其他相关证件(证明)等。

(2)检查抄表常用工(器)具是否齐全、完好，包括封印、设备、笔、电筒、备用电池、计算器、低压验电笔、个人工具等。

(3)检查客户预留的电能表室(箱)钥匙是否齐全。

(4)检查抄表用交通工具的完好情况，确保出车安全。对约定抄表的客户，还应提前进行联系，约定抄表时间。

10. 现场抄表及其注意事项

1)现场抄表的要求

(1)输入现场表示数并经确认后，即可完成抄表任务。

(2)输入现场表示数后，在确认之前，抄表器客户突增突减电量有提示，要求抄表员重新核对计量参数后再确认，确认之前抄表输入数据可以更改。客户表计电量大于前三个月平均电量的两倍或小于一半时，为突增突减电量。

(3)抄表确认后，方能查阅到下装时的表示数、客户使用电量。

(4)当抄表员输入对该户估抄标记时，可显示该户前三个月表计电量平均数，供抄表员估抄电量时使用。

(5)当抄表员输入故障表的标记时，也可显示该户前三个月的表计电量平均数，供抄表员追补电量时使用。

(6)对第一类及第二类客户在抄表确认后可查本月客户受电量、电费额及本月止购电余额。

(7)可允许抄表员将现场各种特殊情况以标记形式输入抄表器，以备抄表后处理。

(8)自动记录抄表时间。

2)现场抄表的注意事项

(1)完成抄表现场的“三核对”工作，即核对客户是否正确、核对客户安装的计量装置是否正确、核对客户计量装置的倍率是否正确。

(2)认真记录客户电能表的实际读数，做到“眼明、手快、心细”。“眼明”是要求抄表人员在抄表时，要看清楚电能计量装置的实际读数，特别是看清楚哪些是计度器的整数位，哪些是计度器的小数位。“手快”是要求抄表人员在记录(输入)电能计量装置读数时，速度要快，特别是对计度器采用轮显模式的电能表，在记录数据时必须要快。“心细”是要求抄表人员在抄表时，不但要做到看读数、记数据不出错，而且还要仔细检查抄录的各类数据是否存在相互矛盾，或与实际使用是否有出入等。

(3)在现场抄录数据时，对计数器的尾数处理应有统一的标准。为避免出现因电费计算时的进位造成多(少)计电量，用手工抄录(输入)数据时，可考虑直接忽略尾数(即不论尾数数据的大小，一律不计)；对采用自动读取数据者，可考虑在计算机系统中删除尾数(只对正常抄表有效，采取四舍五入法)。

(4)当使用抄表器手工抄表时，应根据抄表器提示的项目，逐项输入数据，以避免漏抄信息。特别是当抄表器发出异常信息提示后，要求能再次复抄该客户的全部数据，只有在确认无误后，方可继续其他的工作。

(5)在当天抄表工作结束前，完成对全部客户的数据信息的检查工作，特别是检查是否有新增客户出现，避免出现漏抄客户。

(6)抄表员抄表之外还需注意：

①抄表人员在现场抄表，完成正常抄表的同时，应检查客户计量装置的运行情况。

②检查一些直接影响计量装置准确计量，而又相对比较容易发生故

障的设备(如计量压变熔丝、计量二次回路等)是否正常运行。

③检查客户的计量装置是否存在表计停走(停闪)、发热等异常现象。

④检查计量封印等是否完整、齐全。特别是在抄表过程中,发现客户的电量异常,而生产经营情况又相对正常时,要特别检查客户计量装置的运行情况(包括计量封印等)。

⑤对安装有事件记录的电能表,检查本抄表周期内是否存在有影响计量装置正常运行的时间记录等。

⑥对采用非直接接触抄表(包括采用自动抄表或委托抄表公司抄表的情形)的客户,指定人员要不定期地完成对客户现场安装的电能计量装置的检查和监督抄表工作,一般每年一次,最长不得超过两年。

⑦抄表人员在抄表时,注意现场工作安全。进入变配电室(电能表室)时,遵守《安全工作规程》的相关规定,以及《中华人民共和国电力法》第三十三条的规定:供电企业查电人员和抄表收费人员进入用户,进行用电安全检查或者抄表收费时,应当出示有关证件。另应遵守与客户的保卫保密规定,不得在检查现场替代客户进行电工作业。

⑧抄表人员要学会与客户进行沟通,及时了解客户的实际生产、经营状况等。抄表人员要能正确解答客户提出的有关问题,并做好有关用电知识的宣传工作。一般客户的用电量都与实际生产经营状况有着很大的联系,通过与客户的交谈,经比较可以间接判断抄录的电量是否正确。供电企业的抄表人员是实际接触客户、与客户沟通最频繁的人员之一。现场工作人员要起到电力企业对客户服务的桥梁和纽带作用,不但要抄好表,而且要做好相关信息的传递工作,当好客户的参谋,使客户多用电、用好电。

11. 抄表异常情况标记

当抄表员到客户处抄读电能表时,有可能发现客户处电能表有异常情况,此时抄表员应及时做好抄表标记。抄表员遇到下列情况,可输入标记代号等信息。

(1)换表信息。当抄表员发现客户计费电能表已经更换时,可输入换表标记,并输入现表的表型、表号、容量、现示数、现倍率等参数。

(2)故障表。当抄表员发现客户计费电能表处于故障状态时,可输入表故障标记。此时可查阅下装时表示数，输入现表示数及追加电量。在将输入抄表示数确认后，发现电量突减的原因是由于故障表所造成的，也可输入此标记及追补电量。

(3)有卡无表。当抄表员在本区段内找不到已下装的客户时，要对该户做有卡无表标记。

(4)有表无卡。当在抄表器中查阅不到现场客户时，将该户的用电地址(编码)、表型、表号及现表示数输入抄表器，并输入有表无卡标记。

(5)窃电户。当抄表员发现原有客户窃电时，可输入窃电标记。当发现非原有客户窃电时，可将该户用电地址(编码)等信息输入抄表器，并输入窃电标记。

(6)违章户。当抄表员发现原有客户有违章现象时，可输入违章标记。

(7)订正信息。当抄表员发现现场参数与抄表器不符(指与计量计费及其他费用无关的参数)时，可输入订正信息标记，并将正确参数输入抄表器。

(8)销户信息。当发现客户在本次抄表前已将用电设备全部拆除，可输入销户标记。

(9)长期无人。输入长期无人标记是说明对该户估算“0”电量及没有发生电量的原因。长期无人指在用电器具完备的情况下，没有用电的客户，例如无人居住、歇业、长期停工等情况。

(10)估抄。①当抄表员在现场无法抄到该客户的表示数时，可输入估抄标记，并输入估抄电量。②修改经确认的抄表示数(准许)，则自动形成估抄标记。

(11)谎抄。抄表员在上次抄表时是估抄，而没有输入估抄标记，使本月抄表示数小于基期表示数时，则要输入谎抄标记，否则按电能表绕周计算。

(12)各种标记在上装之前可以更改、取消。当改标记时，数据信息要在抄表器中重新走一下，按新标志处理。

12. 抄表异常情况标记的处理

1)换表标记

说明现场所抄到的表示数并非与抄表器中的下装表示数发生计算关系。记入此标记后，抄表员应查阅“内线工作任务书”，如任务书已经信息审核员竣检确认，则可照常上装；如未经确认，则再输入暂不上装标记，待确认后，取消此标记就可上装。月末之前完成。如没有关于涉及该户换表的内线工作任务书，则将换表标记改为窃电(动表)的标记，便可正常上装。

2)故障表标记

故障表标记说明现场表发生故障，对此类客户要有追补电量发生，该追补电量截止时间为对该户的本次抄表之时。有此标记的客户可正常上装。

3)估抄标记

估抄标记说明在现场对该户没有抄到表，所记电量为抄表员的估抄电量，所记表示数为根据估抄的电量而推算的表示数。

表示数推算方法为：

$$推算数=原表上月示数+\frac{估抄电量}{电能表实际计费倍率}$$

当$\frac{估抄电量}{电能表实际计费倍率}$的值出现小数时，取整数位，此时所估抄电量按所推示数修正。有此标志的客户可正常上装。

4)有卡无表标记

有卡无表标记说明抄表器中的客户在本区段内没有找到。

(1)该户原属本区段内，但抄表时已销户，或正在办理销户，此时可正常上装。

(2)由于地址编码错误等原因，误进入此区段内，此时可正常上装。

(3)由于客户没有办理销户手续而拆迁用电处所，此时将标记改为销户标记，便可正常上装。

5)有表无卡标记

有表无卡标记说明现场有此户，在抄表器中没有找到。

(1)属本区段客户，但由于地址编码错误而未在本区段下装。此时调阅用电检查岗的待处理信息资料，如有此户便可正常下装。

（2）调阅待处理资料和内线工作任务单都没有该户信息，则输入暂不上装标记，待查到后，取消暂不上装标记，便可上装。如在月末时还未查到，则将标记改为窃电标记，便可正常上装。

6）窃电户标记

有此类标记的客户不影响上装。窃电标记分为私设、越表、卡盘、动表及技术窃电五个标记。

7）违约标记

有此类标记的客户不影响上装。违约用电分为高价低计、私增容、其他三个标记。

8）谎抄标记

谎抄标记说明上次抄表时是估抄而未做标记。本月视上月为估抄，按上次表示数作为本次表示数计算，可正常上装。

9）客户参数订正

有订正信息参数、销户、长期无人标记的客户，不影响上装。

10）故障换表的处理

（1）对有此标记的客户，上装后按所抄示数及外加电量计算故障表的表计电量后，将此信息传给用电检查岗或计量岗，形成内线工作任务书后处理。

（2）如属非客户原因，致使电能表反转时，则表计电量按反转电量绝对值计算（表示数仍然如实填记）。如以前对该表是估抄，则表对电量接反转电量绝对值计算后，再退回以前的估抄电量。将此信息传给用电检查岗。

（3）故障表的标记种类分为不走字、卡盘、跳字、反转、其他五类情况。其中反转标记只能在所记的电能表第一次实抄时使用，否则，输入此标记时将自动改为窃电标记。

11）对违约的处理

对标有此标记的客户，上装后按实抄示数计算表计电量，并将该户信息传给稽查岗，形成调查报告后处理。

12)对谎抄表的处理

对标有此标记的客户,按该户是上月估抄进行处理。

13)订正信息参数

对标有此标记的客户,上装后仍按原信息发行,并将此信息形成内线工作任务书,转用电检查岗(或计量岗)现场核实、处理。

14)对长期无人的处理

对标有此标记的客户,上装后正常发行,但对连续标有此标记超过六个月的情况,将形成销户的内线工作任务书,传递给有关单位处理。

15)遇到电价变化时的处理

遇到电价变化时,及时对系统进行电价维护,以保证价格的实时性,保证电费及时、正确回收。抄读电能表位置号、电能表资产编号、电能表型号、电能表制造厂家、电能表相线类别、电流互感器型号、电流互感器变比、电能表示数的上月起码及当月止码(包括有功总、尖、峰、平、谷、无功总)等参数。

(三)电费核算

电费核算是电费管理的中枢,是对抄表读数复核后根据合同确认的容量及电价进行电费计算,并对电费计算结果进行校核处理的全过程管理。核算的质量影响到电费能否按照规定及时准确地收回、账目是否清楚以及统计数字是否准确。

核算管理根据客户的抄见电量及计费档案、相关政策、电价标准等信息进行电量、电费的计算,并对电费计算结果进行审核。在审核过程中发现异常,应及时进行处理,完成后进行电费发行。

因抄表差错,计费参数错误,计量装置故障,违约用电、窃电等原因需要退补电量电费时,应发起电量电费退补流程,并经逐级审批后进行电费退补。

1)电费核算的历史沿革

20 世纪 90 年代,电费核算开始由人工计算审核的核算方式过渡到由软件自动计算、人工审核的分散核算方式,后随着经济的进一步发展和客户维权意识的增加,要保证在同一省级营业区内对客户的电费计算完全一样，必须建设统一的营销业务应用系统，利用同一规则支持电费核算工作，数据集中、自动处理是电费核算改革的方向。2008年始，随着电力营销业务应用系统的推广，给集中核算提供了强有力的技术支持平台，各网省开始实行集中核算。

随着公司“大营销”体系建设的不断深化，营销机构更加扁平化，营销业务更加集约化，传统的现场抄表、人工核算及收费模式已不能适应当前业务管理水平持续提升的要求，难以满足用电客户日益增长的用电服务需求。随着国网公司用电信息系统的建设范围和应用水平的不断提高，多数地区计费表计已经实现全覆盖、全采集，为电费抄核收管理模式变革带来了良好的契机。2013年始，各省先后以信息化手段为支撑，充分利用信息系统技术，推行抄表数据复核、电量电费审核的系统自动流转，实施系统智能自动核算、人工处理异常的作业模式，不断提高系统自动复核、审核户数比例的效率。

2)电费核算流程

电费核算流程图如图11-1所示。

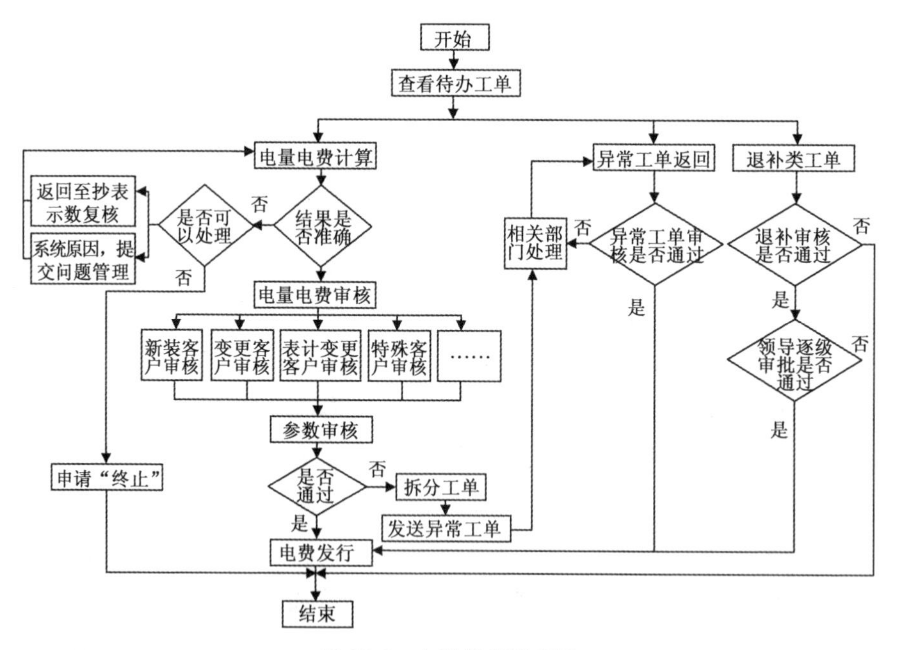

图11-1 电费核算流程图

3)电费核算的总体工作要求

(1)按照《国家电网公司营业抄核收工作管理规定》,加强电量电费核算管理,确保电量电费核算的各类数据及参数的完整性、准确性和安全性。

(2)电量电费计算必须有可靠的数据备份和保存方法,确保数据的安全。

(3)电量电费计算必须记录中间过程数据,形成电量电费计算日志。

(4)电价管理要有严格的管理权限,并有操作记录备查。

(5)电费算法严格按照《供电营业规则》、发改委政策文件中的规定进行设计。

(6)电量电费审核严格按照《国家电网公司营业抄核收工作管理规定》要求进行审核。

(7)事件发生后,应对电量电费进行试算并对各类客户的计算结果进行重点抽查审核。

(8)建立电量电费差错统计、分析和差错考核制度。

4)电量电费核算的作业规范

(1)抄表数据复核结束后,应在 24 小时内完成电量电费计算工作。及时审核新装和变更工作单,保证计算参数及数据与现场实际情况一致。电价、计量及计费参数等与电量电费计算有关的资料录入、修改、删除等作业,均应有记录备查。做好可靠的数据备份和保存措施,确保数据安全。

(2)电量电费核算应认真细致。按财务制度建立应收电费明细账,编制应收电费日报表、日累计报表、月报表,明细账与报表应核对一致,保证数据完整准确。

(3)对新装用电客户、变更用电客户、电能计量装置参数变化的客户,其业务流程处理完毕后的首次电量电费计算,应进行逐户审核。对电量明显异常及各类特殊供电方式(如多电源、转供电等)的客户应重点审核。

(4)在电价政策调整、数据编码变更、营销业务应用系统软件修改、营销业务应用系统故障等事件发生后,应对电量电费进行试算,并对各电价类别、各电压等级的客户进行重点抽查审核。

发现电费计算有异常，应立即查找原因，并通知相关部门处理后重新进行电费计算。

对电量电费核算过程中发现的问题应按规定的流程及时处理，做好详细记录，并按月汇总形成审核报告。

（四）电价

电能是一种特殊的商品，它的产、供、销在同一时刻完成，电价是电能这一商品价值的货币表现。根据电能所处的环节不同，电价可分为上网电价、输配电价和销售电价。

上网电价是指发电企业与购电方进行上网电能结算的价格。目前，区域电网或区域电网所属地区电网统一调度机组的上网电价由国务院价格主管部门制定并公布，其他发电企业上网电价由省级政府价格主管部门制定并公布。

输配电价是指电网经营企业提供接入系统、联网、电能输送和销售服务的价格总称。目前，共用网络输配电价、联网价和专项输电工程输电价由国务院价格主管部门负责制定；接入跨省电网的接入价由国务院价格主管部门负责制定，接入省内电网的接入价由省级价格主管部门提出方案，报国务院价格主管部门审批。独立配电企业的配电价格由省级价格主管部门制定。

销售电价是指电网经营企业对终端用户销售电能的价格。各级政府价格主管部门负责对销售电价的管理、监督。在输、配分开前，销售电价由国务院价格主管部门负责制定。目前，销售电价价格延续执行国家发改委电价文件。

作为客户的执行电价主要是根据客户用电负荷性质、生产情况、电压等级来确定的。电力作为商品，其质量与数量即使相同，因使用条件不同，价格也不同。只有在同一电网、同一电压等级、同一用电类别的客户，才执行相同的电价标准。目前，我国电价分类方法种类较多，计算较为复杂。随着我国经济政策与国际经济的逐步接轨，电价制度也在进行研究论证，以便尽快出台新的电价分类办法，实现简单易行的电价分类方法。

1. 按销售方式制定电价

电力商品与其他商品一样，存在着零售、批发与代销管理的经营方式，在电力的管理上就叫作直供、趸售与转供管理，并形成与之对应的电价。

(1)直供电价：是指电网经营企业按照国家批准的电价标准销售给客户电力，并直接和客户进行电费结算的电价。

(2)趸售电价：由财政属于地方的电力经营企业(一般是县级)从电网经营企业那里趸购(批发)电力，再按直供电价销售给本营业范围内的客户，然后按照明、动力的实际比例和电网经营企业进行结算的一种电价。趸售电价体现了电网经营企业的让利政策，从而促进地方电力工业的发展。

(3)转供电价：在供电企业没有能力满足客户供电的情况下，委托其周围较大的有转供能力的客户进行转供，由转供户在直供电价的基础上加收一定比例的转供费用，从而构成转供电价。

2. 按电力固定成本的分摊情况制定电价

电力的生产、输送、销售是同时完成的，与工业客户有很大的区别。只要客户并网用电，不仅要使用电能(电量)，而且要占用电力(容量负荷)，直接影响电网进一步扩大新客户并网的能力。电网总的供电容量就叫电力固定成本，也叫容量成本。政策规定，容量成本对不同用电类别客户的分摊比例不同，从而形成了单一制电价(也叫单一计量电价)和两部制电价。

(1)单一制电价：是以客户安装的电能表计每月计算出的实际用电量乘以相对应的电价计算电费的计费方式。目前，居民生活、农业生产用电实行单一制电价。

(2)两部制电价：由电度电价和基本电价两部分构成。电度电价是指按客户计费表所计的电量来计算电费的电度电价；基本电价是以客户用电的接用容量或需量计算的基本电价。目前，大工业用户实行两部制电价。部分地区的工商业及其他用户中受电变压器容量在100kVA或用电设备装接容量100kW及以上的用户实行两部制电价。受电变压器容量或用电设备装接容量小于100kVA的实行单一制电价，条件具备的也可实行两部制电价。

3. 根据特殊需要制定电价

由于电网运行的特殊性，客户侧的管理除政策规定外，还需要相应的技术手段和经济手段才能保证电网安全、稳定、合理的运行，更大限度地满足社会用电需要。

(1)峰谷分时电价：因电力工业是资金密集型企业，资金回报率相对较低，为使有限的电力能对社会发挥最大的作用，便需要制定峰谷分时电价，拉开负荷高峰与低谷负荷期间的用电价格，从而对提高电网负荷率起到经济调节作用。电力生产的均衡性与客户使用的不平衡性，形成电网季节性的、每日不同时段的负荷率。实行峰谷分时电价，就是在不提高电价总水平的前提下，将用电高峰时期的电价提高、低谷时期的电价降低，通过价格杠杆调节客户少用高峰电、多用低谷电，达到移峰填谷、提高电网负荷率、减少资源浪费的目的。

(2)丰枯季节电价：在水电比重占绝对多数的电网，水库的储存水量受季节变化的影响较大，丰水期和枯水期发电负荷相差较大，为提高丰水期电力的社会使用率，改善枯水期负荷紧张的状况，制定丰枯季节电价，以经济手段迫使客户设备的检修放在枯水季节。

(3)功率因数调整电价：因客户所使用电量只是电网运行中有功分量(电力)所做的功，另外还有无功分量，二者合起来称作视在功率。为降低线路电量损失，提高供电电压质量，需根据电网中无功电源的经济配置及运行上的要求，确定集中补偿无功电力的措施，保证电网无功平衡，并要求广大电力客户分散补偿无功电力，使客户无功补偿就地平衡，制定功率因数调整电价，客户也能相应地减少电费支出。

(4)差别电价：为了扶植新兴工业与农业的发展，我国自 1966 年以来，先后对电解铝，电石，电炉铁合金，电炉黄磷，电解烧碱，电炼镁、钛、硅、钠，电炉钙镁磷肥，合成氨等产品用电，陆续实行优待电价，从电价上采取一些临时措施予以扶植。

2004 年起，为发挥价格杠杆的调节作用，加强价格政策与产业政策的协调配合，制止部分高耗能产业低水平重复建设，促进产业结构调整和优化升级，国家将高耗能企业区分为淘汰类、限制类、允许和鼓励类等三类，对淘汰类、限制类的企业或生产设备实行差别电价。

先后陆续对电解铝、铁合金、电石、烧碱、水泥、钢铁、黄磷、锌冶炼等八个高耗能行业按照国家产业政策的要求，区分淘汰类、限制类、允许和鼓励类企业试行差别电价。

(5)居民阶梯电价是指将现行单一形式的居民电价，改为按照用户消费的电量分段定价，用电价格随用电量增加呈阶梯状逐级递增的一种电价定价机制。

长期以来，我国对居民电价采取低价政策。近年来，我国能源供应紧缺、环境压力加大等矛盾逐步凸显，煤炭等一次能源价格持续攀升，电力价格也随之上涨，但居民电价的调整幅度和频率均低于其他行业用电，居民生活用电价格一直处于较低水平，从而造成用电量越多的用户，享受的补贴越多，用电量越少的用户，享受的补贴越少，既没有体现公平负担的原则，也不能合理体现电能资源价值，不利于资源节约和环境保护。为了促进资源节约型和环境友好型社会建设，逐步减少电价交叉补贴，引导居民合理用电、节约用电，有必要对居民生活用电试行阶梯电价。

根据国家发展和改革委员会《关于居民生活用电试行阶梯电价的指导意见》(发改价格[2011]2617 号)的有关规定，各省结合实际情况，经公开听证并报经审批，自 2012 年 7 月 1 日起，对居民生活用电试行阶梯电价。

居民阶梯电价遵循的原则如下：

一是补偿成本与公平负担相结合。居民用电价格总体上要逐步反映用电成本，同时兼顾不同收入居民的承受能力，用电少的居民少负担，用电多的居民多负担。

二是统一政策与因地制宜相结合。国家制定阶梯电价政策总体框架和指导性意见，各地结合当地自然地理环境、经济发展程度、居民收入和用电水平等情况，确定具体实施方案。

三是立足当前与着眼长远相结合。阶梯电价近期应着力于建立机制，保证大多数居民电价基本稳定；长远目标要逐步反映电力资源价值，引导居民节约用电。

四是试点先行与逐步完善相结合。各地选择符合条件的地区先进行试点，其间不断总结经验完善方案，条件成熟后再全面推广阶梯电价。

居民阶梯电价制度实施以来，对引导居民节约用电、合理用电发挥了积极作用，较好地体现了“保基本”的改革理念，促进了社会公平。

“一户一表”是实施居民阶梯电价制度的基础。为进一步完善居民阶梯电价制度，应加大居民用电“一户一表”改造力度，结合老城区和棚户区改造，加大对城市供电设施尤其是合表用户电表的改造力度，加快改造进度。

全面推行居民用电峰谷分时电价政策，在保持居民用电价格总水平基本稳定的前提下，全面推行居民用电峰谷电价，鼓励居民用户参与电力移峰填谷。

妥善处理居民阶梯电价制度实施中的特殊问题，规范出租房屋电费结算行为。对“一房多户”“一户多人口”等具体问题，在沟通协调基础上，可通过分线分表或适当增加电量基数等办法妥善处理，确保居民阶梯电价制度得到顺畅执行。

4. 销售电价的分类和适用范围

1)电价的历史沿革

销售电价分类长期以来沿用的是水利电力部颁发的《电、热价格》中的规定，直供部分分为动力与照明两大类，动力又细分为大工业、普通工业、非工业、农业电价。

1992 年，照明电价分为居民生活电价与非居民照明电价。

1993 年，非居民照明电价又分为非居民照明电价与商业电价。

2005 年，为建立健全合理的销售电价机制，充分利用价格杠杆，合理配置电力资源，保护电力企业和用户的合法权益，各省根据客户承受能力，逐步对销售电价分类进行了调整，把非居民照明、非工业、普通工业、商业用电四大类合并为一般工商业及其他用电。合并后销售电价分为居民生活用电、大工业用电、农业生产用电、贫困县农业排灌用电、一般工商业及其他用电五大类，大工业用电分类中只保留中小化肥一个子类。

2)销售电价适用范围

(1)居民生活用电

①城乡居民住宅用电：城乡居民家庭住宅，以及机关、部队、学校、企

事业单位集体宿舍的生活用电。

②城乡居民住宅小区公用附属设施用电：城乡居民家庭住宅小区内的公共场所照明、电梯、电子防盗门、电子门铃、消防、绿地、门卫、车库等非经营性用电。

③学校教学和学生生活用电：学校的教室、图书馆、试验室、体育用房、校系行政用房等教学设施，以及学生食堂、澡堂、宿舍等学生生活设施用电。执行居民用电价格的学校，是指经国家有关部门批准，由政府及其有关部门、社会组织和公民个人举办的公办、民办学校，包括：

· 普通高等学校（包括大学、独立设置的学院和高等专科学校）。

· 普通高中、成人高中和中等职业学校（包括普通中专、成人中专、职业高中、技工学校）。

· 普通初中、职业初中、成人初中。

· 普通小学、成人小学。

· 幼儿园（托儿所）。

· 特殊教育学校（对残障儿童、少年实施义务教育的机构），即不含各类经营性培训机构，如驾校、烹饪、美容美发、语言、电脑培训等。

④社会福利场所生活用电：经县级及以上人民政府民政部门批准，由国家、社会组织和公民个人举办的，为老年人、残疾人、孤儿、弃婴提供养护、康复、托管等服务场所的生活用电。

⑤宗教场所生活用电：经县级及以上人民政府宗教事务部门登记的寺院、宫观、清真寺、教堂等宗教活动场所常住人员和外来暂住人员的生活用电。

⑥城乡社区居民委员会服务设施用电：城乡居民社区居民委员会工作场所及非经营公益服务设施的用电。

（2）农业生产用电

①农业用电：各种农作物的种植活动用电。包括谷物、豆类、薯类、棉花、油料、糖料、麻类、烟草、蔬菜、食用菌、园艺作物、水果、坚果、含油果、饮料和香料作物、中药材及其他农作物种植用电。

②林木培育和种植用电：林木育种和育苗、造林和更新、森林经营和管护等活动用电。其中，森林经营和管护用电是指在林木生长的不同时

期进行的促进林木生长发育的活动用电。

③畜牧业用电：为了获得各种畜禽产品而从事的动物饲养活动用电。不包括专门供体育活动和休闲等活动相关的禽畜饲养用电。

④渔业用电：在内陆水域对各种水生动物进行养殖、捕捞，以及在海水中对各种水生动植物进行养殖、捕捞活动用电。不包括专门供体育活动和休闲钓鱼等活动用电以及水产品的加工用电。

⑤农业灌溉用电：为农业生产服务的灌溉及排涝用电。

⑥农产品初加工用电：对各种农产品(包括天然橡胶、纺织纤维原料)进行脱水、凝固、去籽、净化、分类、晒干、剥皮、初烤、沤软或大批包装以提供初级市场的用电。

3)工商业及其他用电

(1)工商业及其他用电：除居民生活及农业生产用电以外的用电。

(2)大工业用电：受电变压器(含不通过受电变压器的高压电动机)容量在315kVA及以上的下列用电：

①以电为原动力，或以电冶炼、烘焙、熔焊、电解、电化、电热的工业生产用电。

②铁路(包括地下铁路、城铁)、航运、电车及石油(天然气、热力)加压站生产用电。

③自来水、工业试验、电子计算中心、垃圾处理、污水处理生产用电。

(3)中小化肥用电：年生产能力为30万吨以下(不含30万吨)的单系列合成氨、磷肥、钾肥、复合肥料生产企业中化肥生产用电。其中复合肥料是指含有氮、磷、钾两种以上(含两种)元素的矿物质，经过化学方法加工制成的肥料。

(4)农副食品加工业用电：直接以农、林、牧、渔产品为原料进行的谷物磨制、饲料加工、植物油和制糖加工、屠宰及肉类加工、水产品加工，以及蔬菜、水果、坚果等食品的加工用电。

5. 电价的改革

近期，随着电力体制改革的推进，输配电价将单独核定。政府定价的范围主要限定在重要公用事业、公益性服务和网络自然垄断环节。政府主要核定输配电价，并向社会公布，接受社会监督。输配电价将按“准许成本加合理收益”原则，分电压等级核定。用户或售电主体按照其接入的电网电压等级所对应的输配电价支付费用。

公益性以外的发售电价格将由市场形成（按照计划与2018年全面放开公益性以外的发售电电场），参与电力市场交易的发电企业上网电价由用户或售电主体与发电企业通过协商、市场竞价等方式自主确定。参与电力市场交易的用户购电价格由市场交易价格、输配电价（含线损）、政府性基金三部分组成。

没有参与直接交易和竞价交易的上网电量，以及居民、农业、重要公用事业和公益性服务用电，继续执行政府定价。

参与直接交易的主体分为发电企业、售电主体和用户三类。参与直接交易企业的单位能耗、环保排放均应达到国家标准，不符合国家产业政策以及产品和工艺属于淘汰类的企业不得参与直接交易。符合标准的发电企业、售电主体和用户按照国家规定的输配电价向电网企业支付相应的过网费，直接洽谈合同，实现多方直接交易，短期和即时交易通过调度和交易机构实现。任何部门和单位不得干预市场主体的合法交易行为。直接交易双方通过自主协商决定交易事项，依法依规签订电网企业参与的三方合同。

（五）电量计算

抄表数据复核结束后，应在24小时内完成电量电费计算工作。电量计算是对抄见电量、变压器损耗电量、线路损耗电量、扣减电量（主分表、转供、定比定量）、退补电量各种类型电量进行计算，获得结算电量。

1. 抄见电量

根据抄表周期的本次抄见示数、上次抄见示数、综合倍率计算出抄见电量的方法。

1）有功表、无功表

（1）正常：

$$抄见电量=（本次示数-上次示数）\times 综合倍率$$

其中，抄见电量代表各种时段用电类型，如峰、平、谷、照明、无功等。

根据现场抄录的起（上月示值）止（当月示值）码进行电量计算，要求计算分类电量及总电量。

计算公式：

倍率＝一次侧电流/二次侧电流(不同变比的互感器其倍率不同)

尖电量＝[当前示值(尖)－上月示值(尖)]×倍率

峰电量＝[当前示值(峰)－上月示值(峰)]×倍率

平电量＝[当前示值(平)－上月示值(平)]×倍率

谷电量＝[当前示值(谷)－上月示值(谷)]×倍率

无功电量＝[当前示值(无功)－上月示值(无功)]×倍率

总电量＝[当前示值(总)－上月示值(总)]×倍率

(2)翻转：

抄见电量＝(本次示数＋10 表位数)

(3)倒转：

抄见电量＝(上次示数－本次示数)×综合倍率

(4)倒转且翻转：

抄见电量＝(上次示数＋10 表位数)

2)需量表

抄见最大需量＝本次示数×综合倍率

3)异常处理规则

若分时表的峰、平、谷电量之和与总电量不相等时，以总、峰、谷三个示数为基准，平电量等于总电量与峰、谷电量之差。

2. 变损电量

变损电量计算指根据变损计算标准和变压器参数计算出变压器损耗电量以及损耗电量的分摊。

1)变损电量计算要求

(1)《供电营业规则》第七十四条规定：用电计量装置原则上应装在供电设施的产权分界处。如产权分界处不适宜装表的，对专线供电的高压用户，可在供电变压器出口装表计量；对公用线路供电的高压用户，可在用户受电装置的低压侧计量。当用电计量装置不安装在产权分界处时，线路与变压器损耗的有功与无功电量均须由产权所有者负担。

(2)变压器损耗按日计算，日用电不足 24 小时的，按一天计算。

2)变压器损耗计算方式

变压器的损失电量由铁损和铜损两部分组成。铁损与运行时间有关,铜损与负荷大小有关。根据变损计算标准规定,变损电量可以由公式法、查表法、协议值三种方法来计算。

(1)公式法是根据变压器的额定容量、型号得到变压器的有功空载损耗、有功负载损耗、空载电流百分比、阻抗电压百分比、有功损耗系数、无功 K 值,再根据公式计算得到变压器有功损耗和无功损耗。

(2)查表法是根据变压器型号、容量、电压、有功用电量直接查表得到有功损耗和无功损耗。

(3)协议值是与客户协议签订的有功损耗、无功损耗值。

3)损耗分摊

(1)变压器损耗分为有功损耗和无功损耗,通常按有功损耗和无功损耗分别执行分摊。其中,计量点是定量的不参与损耗分摊。

(2)被转供户要求分摊变损时,若与被转供户有协议,则按协议值进行计算和分摊;若没有协议,则按被转供户的抄见电量进行计算和分摊。分摊给被转供户的损耗不参与转供户的电费结算,只参与被转供户的电费结算。

(3)一级主表分摊

变压器下若存在多个一级高供低计的主表时,变压器损耗电量按每个表计的抄见电量比例分摊。

(4)主分表分摊

若一级主表下存在分表时,则当前分表的损耗按其抄见电量和主表抄见电量比分摊。

(5)复费率表的分摊

变压器有功损耗按各时段抄见电量比例进行分摊。

变压器有功损耗按各时段抄见电量比例进行分摊。

$$损耗=有功损耗\times抄见电量比例$$

按抄见电量比例分摊的损耗之和与总损耗不等时,差异损耗放在平电量上。

(6)总电量为零时,按容量分摊。

(7)特殊情况处理

①客户用电量为零。当用电客户的月用电量为零时，变压器只计空载损耗电量，空载损耗可以按正常情况计算。

若变压器下只有一个主表，则空载损耗全部分摊到主表。若变压器下存在多个主表，则空载损耗平均分摊到各主表。

若变压器主表下存在分表，则空载损耗平均分摊到主表与各分表。

②变压器暂停。因变压器损耗的计算方法已经计算到日，而变压器暂停只是运行天数的变化，则根据变压器暂停的启停日计算出运行天数后即可使用损耗计算公式计算变压器暂停情况的损耗。

③转供户抄见电量为零。当转供户抄见电量为零时，变压器损耗按各自容量比执行分摊。

④高供高计用户的变压器分表执行损耗分摊。如有主分表连接的情况，主表是高供高计，变压器下的分表要求损耗分摊。变压器下分表的分摊方法与没有高供高计主表情况下的分摊方法相同。

⑤两个变压器下接一个主表变损的计算，按变压器的容量比把主表的电量进行分摊，然后分别计算变压器的损耗。

⑥一个专用变压器下面存在两个或多个客户的情况除已既成事实的历史情况外，原则上对于新上的客户应不允许出现一个专用变压器下面存在两个或多个客户的情况。

一个专用变压器下面存在两个或多个客户的情况损耗分摊方法如下:若与客户有协议则按照协议值来分摊损耗。若与客户没有协议，则按照各客户用电量与总用电量的比例进行分摊损耗。若与客户没有协议且客户总用电量为零时，则客户容量比例进行分摊损耗。

(8)注意事项

①根据用电客户的变压器损耗参数、变压器运行天数和抄见电量等计算变压器损耗。

②对一级计量点各表按照抄见电量比例进行损耗分摊。

③存在主分表关系情况时，对需要进行损耗分摊的执行主分表损耗分摊。

④若表是复费率表，按照复费率表的分摊方法执行损耗分摊。

3. 线损电量计算。线损电量计算指根据线损计算标准和线路参数等计算出线路损耗电量以及损耗电量的分摊。

1)相关规定

《供电营业规则》第七十四条规定:用电计量装置原则上应装在供电设施的产权分界处。如产权分界处不适宜装表的,对专线供电的高压用户,可在供电变压器出口装表计量;对公用线路供电的高压用户,可在用户受电装置的低压侧计量。当用电计量装置不安装在产权分界处时,线路与变压器损耗的有功与无功电量均须由产权所有者负担。在计算用户基本电费(按最大需量计收时)、电度电费及功率因数调整电费时,应将上述损耗电量计算在内。

2)线损计算采用的方式

(1)采用线路参数和用电量公式计算有功线损和无功线损。

(2)采用与客户协定损耗电量来计算。

线损电量＝协定值

(3)采用与客户协定线路损耗系数来计算

有功线损电量＝(有功总抄见电量＋总有功变损)×有功线损系数

无功线损电量＝(无功总抄见电量＋总无功变损)×无功线损系数

若客户的计量方式是高供高计,则式中的总有功变损、总无功变损都为零。

3)注意事项

(1)根据用电客户的线路损耗参数、变压器损耗电量和抄见电量等计算线损电量。

(2)对一级计量点各表按照抄见电量比例进行线损分摊。

(3)存在主分表关系情况时,对需要进行线损分摊的执行主分表线损分摊。

(4)若表是复费率表,按照复费率表的分摊方法执行线损分摊。

4. 结算电量计算

结算电量是电力企业与用电客户最终结算电费的电量。

(1)有功、无功电量结算。在结算电量计算之前,分别把抄见电量、定比定量、主分表电量、变损电量和线损电量计算完毕,并把各种电量归入各个电价标准的相应电量中。

(2)通过对抄见电量、定比定量、主分表电量、变损电量、线损电量的计算，把各种电量归入各个电价标准下，然后根据定义的计算公式计算出结算电量。

(六)电费

电量电费是根据用电客户的抄表数据、档案信息、运行状态以及执行电价标准计算获得的。通过结算电量和应执行的电价标准计算电费，获得目录电度电费、基本电费、功率因数调整电费、代征电费等。

1. 目录电度电费计算

目录电度电费计算是依据用电客户的结算电量及该部分电量所对应的目录电度电价执行标准计算出来的电费，其中不含代征电费。

(1)若用户为单费率计费方式，计算方法如下：目录电度电费＝结算电量×目录电度电价。

(2)若用户执行复费率计费方式，则应分别按分时段结算电量及其对应的分时段目录电度电价来计算各项分时段目录电度电费。

(3)若用户执行阶梯电价计费方式，阶梯电价的执行是即对用电量按电价梯度递增或递减计算出阶梯电费，从目录电度电费中增加或扣除相应阶梯电费。

(4)如当月发生变更或需要分次计算的用户，在计算目录电度电费时，按变更前后或分次抄表的抄见电量及对应的目录电度电价分段进行计算。

(5)如当月发生政策性调价，且无法在调价日完成抄表时，可按对应抄表周期内日平均用电量乘以调价日前后对应的天数确定调价前后的电量，再分别依据调价前后的电价进行分段计算。

2. 基本电费计算

基本电费分为按用电客户变压器的容量计收的基本电费和按最大需量计收的基本电费(下面简称容量电费、需量电费)。

1)容量电费

(1)容量电费业务规则

①电力用户(含新装、增容用户)可根据用电需求变化情况,提前5个工作日向电网企业申请减容、暂停、减容恢复、暂停恢复用电,暂停用电必须是整台或整组变压器停止运行,减容必须是整台或整组变压器的停止或更换小容量变压器用电。

②电力用户申请暂停时间每次应不少于15日,每一日历年内累计不超过6个月,超过6个月的可由用户申请办理减容。减容期限不受时间限制。

③减容(暂停)后容量达不到实施两部制电价规定容量标准的,应改为相应用电类别单一制电价计费,并执行相应的分类电价标准。

④减容(暂停)设备自设备加封之日起,减容(暂停)部分免收基本电费。

⑤凡不通过专用变压器接用的高压电动机(kW视同kVA)计算基本电费。

⑥在对备用的变压器(含高压电动机),属于冷备状态并经供电企业加封的,不计收基本电费;属于热备状态或未经加封的计收基本电费。客户专为调整用电功率因数的设备(如电容器、调相机等)不计收基本电费。

⑦在受电装置一次侧装有连锁装置互为备用的变压器(含高压电动机),按可能同时使用的变压器(含高压电动机)容量之和的最大值计算其基本电费。

⑧备用变压器已经供电部门封停或装有闭锁装置,不可能发生变压器同时投运的,则基本电费按可能同时使用的变压器容量之和的最大值计算其基本电费。

(2)容量电费计算

①基本电费计算以月计算。

$$基本电费=变压器容量\times基本电价$$

②用电业务变更时基本电费计算。新装、增容、变更、终止用电及政策性调价当月的基本电费,按实用天数计算,每日为全月基本电费的1/30;事故停电、检修停电、计划限电不扣减基本电费。

基本电费＝[原容量×变更前变压器实际运行天数]/30×基本电价＋[变更后剩余容量×变更后变压器实际运行天数]/30×基本电价

③电价发生改变时基本电费计算。

基本电费＝[计费容量×变更前基本电价]/30×变更前天数＋[计费容量×变更后基本电价]/30×变更后天数

按变压器实际运行天数进行容量计算时，如有小数，计算基本电费时将变压器容量四舍五入到整位。

2)需量电费

(1)按最大需量计算基本电费业务规则

①电力用户选择按最大需量方式计收基本电费的，应与电网企业签订合同，并按合同最大需量计收基本电费。合同最大需量核定值变更周期从现行按半年调整为按月变更，电力用户可提前5个工作日向电网企业申请变更下一个月(抄表周期)的合同最大需量核定值。电力用户实际最大需量超过合同确定值105％时，超过105％部分的基本电费加一倍收取；未超过合同确定值105％的，按合同确定值收取；申请最大需量核定值低于变压器容量和高压电动机容量总和的40％时，按容量总和的40％核定合同最大需量。

②对按最大需量计费的两路及以上进线用户，各路进线分别计算最大需量，累加计收基本电费。在双路电源情况下，按照需量计算基本电费。

③如果是双路常供，基本电费需要按照两个需量表分别计算，各路按照单路供电需量计算基本电费的原则计算，用户上报两路各自的核准值。

④如果是一路常用、一路备用(即不可能双路同时供电)，基本电费需要按照需量值取大的计算。

⑤按最大需量计算基本电费的用户，凡有不通过专用变压器接用的高压电动机，其最大需量应包括该高压电动机的容量。用户申请最大需量，包括不通过变压器接用的高压电动机容量。

(2)需量电费计算

①实际最大需量值≤(1＋5％)合同确定值。

基本电费＝合同确定值×需量电价

②实际最大需量值＞(1＋5％)合同确定值。

基本电费＝合同确定值×需量电价＋[实际最大需量值－(1＋5％)合同确定值]×需量电价×2

(3)存在转供关系

在计算转供户用电量、最大需量及功率因数调整电费时，应扣除被转供户、公用线路与变压器消耗的有功、无功电量。

最大需量按下列规定折算扣除：

①照明及一班制：每月用电量 180kW·h，折合为 1kW。

②二班制：每月用电量 360kW·h，折合为 1kW。

③三班制：每月用电量 540kW·h，折合为 1kW。

④四班制：每月用电量 270kW·h，折合为 1kW。

3. 功率因数调整电费计算

电网中的电力负荷如电动机、变压器等，属于既有电阻又有电感的电感性负载。电感性负载的电压和电流的相量间存在着一个相位差，通常用相位角 φ 的余弦 $\cos\varphi$ 来表示。$\cos\varphi$ 称为功率因数，又叫力率。功率因数是反映电力用户用电设备合理使用状况、电能利用程度和用电管理水平的一项重要指标。功率因数分为自然功率因数、瞬时功率因数和加权平均功率因数。

功率因数调整电费是按用户实际功率因数及该用户所执行的功率因数标准对用户承担的电费按功率因数调整电费表系数进行相应调整的电费。

我国现行的《功率因数调整电费办法》是鼓励客户为改善功率因数而增加投资，客户可以在功率因数高于标准值时从电力企业所减收的电费中得到补偿，回收所付出的投资、降低生产成本。这实质上是电力企业出钱向客户收购无功电力。若客户不装无功补偿设备或补偿设备不足，而使功率因数未达到规定标准时，电力企业将增收电费，也就是客户理应负担的超购无功电力所付出的无功电费，以补偿电力企业为此增加的开支。这是实行功率因数调整电费的目的和意义。

1)执行范围

(1)功率因数标准0.9,适用于160kVA以上的高压供电工业客户(包括社队工业客户)、装有带负荷调整电压装置的高压供电电力客户和3200kVA及以上的高压供电电力排灌站。

(2)功率因数标准0.85,适用于100kVA(kW)及以上的其他工业客户(包括社队工业客户)、100kVA(kW)及以上的非工业客户和100kVA(kW)及以上和电力排灌站;

(3)功率因数标准0.80,适用于100kVA(kW)及以上的农业户和趸售客户,但大工业客户未划由电业直接管理的趸售客户,功率因数标准应为0.85。

2)要求

(1)凡实行功率因数调整电费的用户,应装设带有放倒装置的无功电度表,按用户每月实用有功电量和无功电量,计算月平均功率因数。

(2)凡装有无功补偿装置设备且有可能向电网倒送无功电量的用户,应随其负荷和电压的变动及时投入或切除部分无功补偿设备,电力部门并应在计费计量点加装带有防倒装置的无功电度表,按倒送的无功电量与实用无功电量两者的绝对值之和,计算平均功率因数。

(3)根据电网需要,对大用户实行功率因数考核,加装记录高峰时段内有功、无功电量的电度表,据以计算月平均高峰功率因数;对部分用户还可以试行高峰、低谷两个时段分别计算功率因数,由试行省级电力局或电网管理局拟定办法,报经批准后执行。

3)功率因数及其调整电费计算的方法

当月该用电客户有增容及变更用电时,功率因数及功率因数调整电费计算的处理办法如下:

(1)如增容或变更用电引起用电客户执行的功率因数标准发生变化时,需根据变化前后的电量数据分段进行计算。

(2)如增容或变更用电未引起用电客户执行的功率因数标准发生变化时,可根据实际业务需要按变更前后的电量数据进行分段计算或采用全月结算电量进行计算。

(3)对于需要分次结算的用户,在最后一次抄表时按全月用电量计算功率因数，以全月目录电度电费和全月基本电费作为基数计算功率因数调整电费。

(4)双路供电的情况下，有功电量和无功电量合并计算总功率因数。

4)功率因数调整电费补充规定

(1)根据计算的功率因数，高于或低于规定标准时，在按照规定的电价计算出当月电费后，再按照功率因数调整电费表所规定的百分数计算增减电费。如客户的功率因数在功率因数调整电费表所列两数之间，则以四舍五入计算。

(2)当月客户电度电费总额为负数时，不执行功率因数调整电费。

(3)未办理报停手续的高供低计客户，抄见电量为零时，仍应收取变损电量，变损电量按照灯力比或表组负荷分配到各表组。

(4)力率电费只考虑价内电费，计算力率电费时，代征款、退补电费都不参加计算力率电费。

(5)其在用户安装无功表但无功表电量没有的情况下，对计算出实际力率 1.00 的强制为力率标准，即没有力率电费。

5)提高功率因数将有积极的意义

(1)提高用电质量，改善设备运行条件，可保证设备在正常条件下工作，这就有利于安全生产。

(2)节约电能，降低生产成本，减少企业的电费开支。例如，当 $\cos\varphi=0.5$ 时，损耗是 $\cos\varphi=1$ 时的 4 倍。

(3)提高企业用电设备的利用率，充分发挥企业的设备潜力。

(4)减少线路的功率损失，提高电网输电效率。

(5)因发电机的发电容量与 S_n 相等，故提高 $\cos\varphi$ 也就使发电机能多出有功功率。

鉴于电力生产的特点，客户用电功率因数的高低，对发、供、用电设备的充分利用，节约电能和改善电压质量有着重要影响。为了提高客户的功率因数并保持其均衡，使供用电双方和社会都能取得最佳经济利益，达到改善电压质量、提高供电能力、节约用电的目的，必须对功率因数进行考核。

4. 代征电费计算

代征电费是指按照国家有关法律、行政法规规定或经国务院以及国务院授权部门批准，随结算电量征收的基金及附加。

5. 电费工作人员应具备的基本条件

(1)高度的责任心。

(2)了解并掌握国家颁布的《全国供用电规则》和本地区、本部门据此制定的具体规定和细则。

(3)熟悉并掌握国家颁布的电价政策及有关规定。

(4)了解电能计量装置的特性，能够正确判断表计故障。

(5)熟悉各种电量电费计算办法，并能够熟练运用。

(6)掌握一般的电器基本知识，能够解答用户有关安全用电合理用电的询问。

(7)了解一般财务、会计制度，能够正确处理财务账目。

(8)掌握一般统计基本知识，能够通过统计和信息处理提出问题，改造工作。

6. 电费管理考核指标

(1)抄表实抄率：实抄电能表户数与应抄电能表总户数之比的百分数。

(2)核算差错率：差错户数与核算总户数之比的百分数。

(3)电费回收率：

实收电费与应收电费之比的百分数。

其计算公式为：

$$电费回收率=实收电费(元)/应收电费(元)\times 100\%$$

六、技能培训步骤

(一)准备工作

1. 工作现场准备

(1)抄核收模拟装置系统安装牢固，设备外壳必须可靠接地。

(2)电能表通信正常,操作系统正常。

2. 着装穿戴

穿工作服、绝缘鞋,戴安全帽、线手套。

3. 工具器材准备

对工器具进行检查,确保正常使用,并整齐摆放于操作台上。

4. 安全措施及风险点分析

安全措施及风险点分析如表 11-3 所示。

表 11-3　　安全措施及风险点分析

序号	危险点	原因分析	控制措施和方法
1	台体	漏电	将台体进行保护接地,工作时设专人监护,用验电笔验明确认无电压后方可开始工作。操作时戴线手套,穿绝缘鞋,使用有绝缘手柄的工器具,站在干燥的绝缘垫上
2	试验接线盒	带电运行	设专人监护,戴线手套,检查时注意不得触碰试验接线盒带电部位
3	检查中误操作	操作不规范	加强监护,着装穿戴规范,操作时站在干燥的绝缘垫上,不得触碰其他带电部位,防止电弧伤人,严禁电流二次回路开路,严禁电压回路短路

(二)操作步骤

1. 工作前的准备

(1)着装:安全帽(正确佩戴,包括下颏带和后箍松紧适当)、工作服(袖口、领口、袋口扣子全部扣好)、线手套(整洁)、绝缘鞋。准备完毕后汇报“X 号工位准备完毕”,如图 11-2 所示。

☞注

未按规定戴安全帽、线手套，未穿工作服及绝缘鞋，每项扣 2 分；着装穿戴不规范，每处扣 1 分。

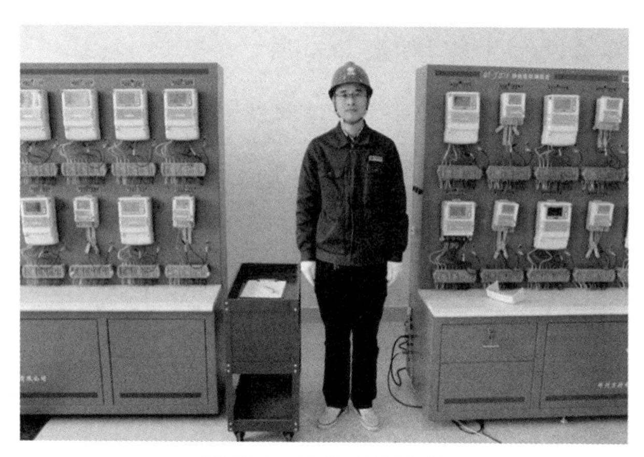

图 11-2　工作前的准备

(2)检查工器具：验电笔、科学计算器、签字笔、板夹应合格齐备。检查过程中口述“××检查合格”，如图 11-3 所示。

☞注

工器具缺少，每件扣 2 分；工器具不符合安检要求，每件扣 1 分；工器具未检查，试验、检查项目不全，扣 1 分。

图 11-3　外观检查

2. 正确验电

先在电源上检测验电笔性能是否合格，再用验电笔进行柜体验电，确认无电后，再次回到电源处检测验电笔，确认验电笔完好后报告考评员，考评员同意后，口述“柜体不带电”，验电时应摘下线手套，如图 11-4 和图 11-5 所示。

注

未检验验电笔扣 2 分；工作前未验电扣 5 分；验电方法不正确扣 3 分。

图 11-4　电源检测

图 11-5　柜体验电

3. 抄录表码，填写抄表卡片

(1)抄表前向考评员汇报“请求抄表”，得到允许后，核对、记录电能表铭牌信息，检查表计合格证是否超周期、封印是否完好无缺失，并作好记录，如图 11-6 所示。

注

抄表前未向考评员报抄表扣 3 分。

图 11-6　核对记录

(2)抄录电能表示数，填写抄表计算卡。抄表后让考评员验证、签字。抄表过程中不得触及按钮以外的部位。要求抄录示数完整，不得错抄、漏抄数据，记录准确、无涂改，如图 11-7 所示。

注

抄表后未让考评员验证、签字扣2分；抄表过程中触及按钮以外的部位，每次扣2分。抄表数据不完整，每处扣2分；漏抄每处扣5分，错抄每处扣5分；涂改每处扣2分。

图 11-7　读取示数

需要填写的抄表计算卡内容有电能表位置号、电能表资产编号、电能表型号、电能表制造厂家、电能表相线类别、电流互感器型号、电流互感器变比、电能表示数上月起码及当月止码（包括有功总、尖、峰、平、谷、无功总），如图 11-8 和图 11-9 所示。

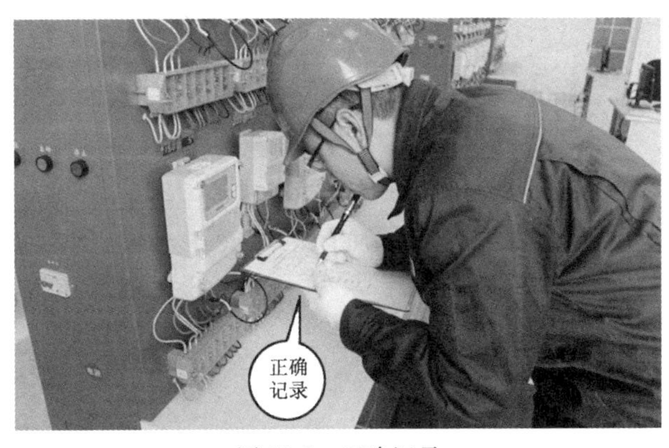

图 11-8　正确记录

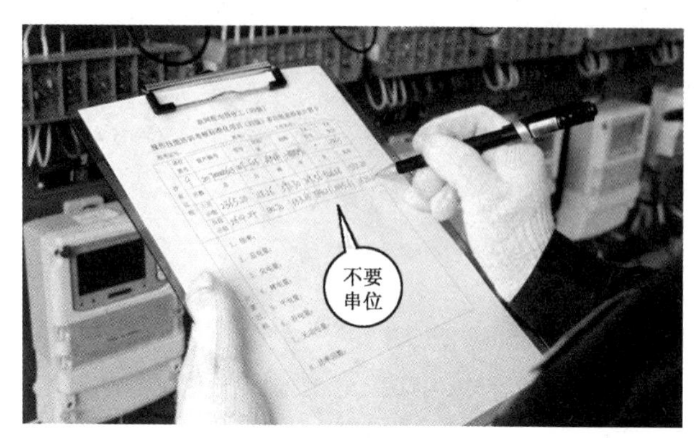

图 11-9　不要串位

4. 计算电量

根据现场抄录的起(上月示值)止(当月示值)码进行电量计算,要求计算分类电量及总电量,计算过程清晰,单位符号书写规范,计算步骤清晰、无涂改,保留计算公式及步骤,如图 11-10 所示。

计算公式如下:

倍率＝一次侧电流/二次侧电流(不同变比的互感器,倍率不同)

总电量＝[当前示值(总)－上月示值(总)]×倍率

尖电量＝[当前示值(尖)－上月示值(尖)]×倍率

峰电量＝[当前示值(峰)－上月示值(峰)]×倍率

平电量＝[当前示值(平)－上月示值(平)]×倍率

谷电量＝[当前示值(谷)－上月示值(谷)]×倍率

无功电量＝[当前示值(无功)－上月示值(无功)]×倍率

功率因数为 $\cos\varphi=\dfrac{P}{\sqrt{P^2+Q^2}}$,其中,$P$ 为总电量,Q 为无功电量。

☞注

分类电量计算错误,每处扣 5 分;总电量计算错误扣 10 分;无计算过程扣 10 分;单位符号书写不规范,每处扣 2 分;无计算步骤,每处 2 分;公式错误,每处扣 3 分。

图 11-10　计算电量

(三)工作结束

清理恢复现场,将工器具放到原来的位置,汇报“现场已恢复,工作结束”,上交记录卡片和答题纸,不得出现不安全行为,如图 11-11 和图 11-12所示。

☞注

出现不安全行为扣 5 分;现场未恢复扣 5 分,恢复不彻底扣 2 分。

图 11-11　工作结束

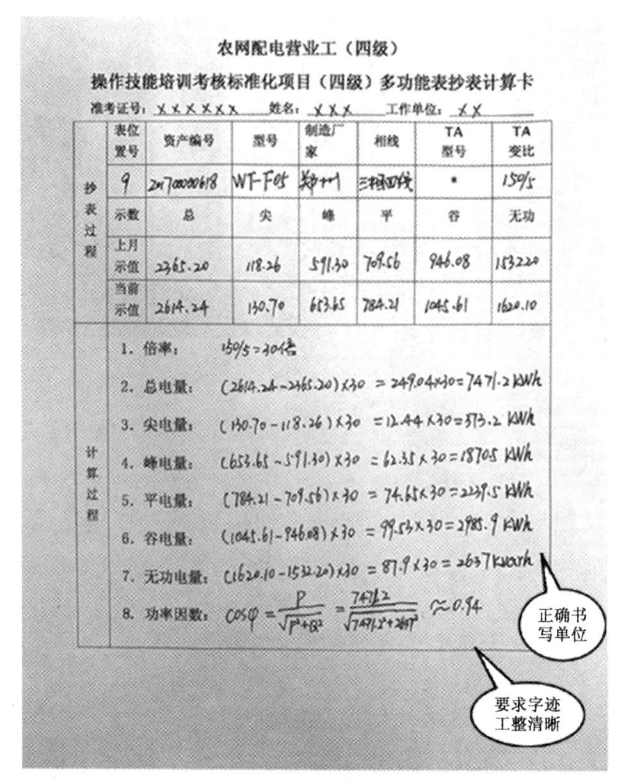

农网配电营业工（四级）

操作技能培训考核标准化项目（四级）多功能表抄表计算卡

准考证号：××××××　姓名：×××　工作单位：××

	表位置号	资产编号	型号	制造厂家	相线	TA型号	TA变比
抄表过程	9	2170000618	WT-F05	郑州	三相四线	•	150/5
	示数	总	尖	峰	平	谷	无功
	上月示值	2365.20	118.26	591.30	709.56	946.08	153220
	当前示值	2614.24	130.70	653.65	784.21	1045.61	1620.10

计算过程

1. 倍率：150/5=30倍
2. 总电量：(2614.24-2365.20)×30=249.04×30=7471.2KWh
3. 尖电量：(130.70-118.26)×30=12.44×30=373.2KWh
4. 峰电量：(653.65-591.30)×30=62.35×30=18705KWh
5. 平电量：(784.21-709.56)×30=74.65×30=2239.5KWh
6. 谷电量：(1045.61-946.08)×30=99.53×30=2985.9KWh
7. 无功电量：(1620.10-1532.20)×30=87.9×30=2637Kvarh
8. 功率因数：$\cos\varphi=\frac{P}{\sqrt{P^2+Q^2}}=\frac{7471.2}{\sqrt{7471.2^2+2637^2}}\approx0.94$

图 11-12　抄表计算卡样例

七、技能等级认证标准

低压客户抄表核算考核评分记录表如表 11-4 所示。

表 11-4　　低压客户抄表核算考核评分记录表

姓名：　　　　准考证号：　　　　单位：　　　　时间要求：30min

序号	项目评分	考核要点	配分	标准	得分	扣分	备注
1	工作准备						
1.1	着装穿戴	1. 戴安全帽、线手套 2. 穿工作服及绝缘鞋，按标准要求着装	5	1. 未戴安全帽、线手套，未穿工作服及绝缘鞋，每项扣2分 2. 着装穿戴不规范，每处扣1分			

续表

序号	项目评分	考核要点	配分	标准	得分	扣分	备注
1.2	检查工器具	前期准备工作规范，相关工器具准备齐全	5	1.工器具齐全，缺少每件扣1分； 2.工器具不符合安检要求，每件扣2分			
2	工作过程						
2.1	安全措施	1.正确验电 2.抄表过程中不得触及按钮以外的部位	10	1.工作前未验电扣5分，验电方法不正确扣3分 2.抄表过程中触及按钮以外的部位，每次扣2分			
2.2	抄录电能表示数	1.抄录示数完整 2.不得错抄、漏抄数据 3.记录准确无涂改	25	1.抄表数据不完整，每处扣2分 2.漏抄每处扣5分，错抄每处扣5分 3.涂改每处扣2分			
2.3	计算电量	1.计算分类电量 2.计算总电量 3.计算过程清晰 4.单位符号书写规范	50	1.分类电量计算错误，每处扣5分 2.总电量计算错误扣10分 3.无计算过程扣10分 4.单位符号书写不规范，每处扣2分			
3	工作终结验收						
3.1	安全文明生产	汇报结束前，所选工器具放回原位，摆放整齐，现场恢复原状	5	1.出现不安全行为扣5分 2.现场未恢复扣5分，恢复不彻底扣2分			
合计得分							
否定项说明：1.违反《国家电网公司电力安全工作规程》之规定；2.违反职业技能鉴定考场纪律；3.造成设备重大损坏；4.发生人身伤害事故。							

考评员：　　　　　　　　　　　　　　　　年　　月　　日

八、项目记录单

低压客户抄表核算技能操作考核计算表如表11-5所示。

表11-5　　低压客户抄表核算技能操作考核计算表

姓名：　　　　准考证号：　　　　单位：

<table>
<tr><td>客户</td><td>表位置号</td><td colspan="3">资产编号</td><td>型号</td><td>容量</td></tr>
<tr><td rowspan="4">计量装置
（工商业用户）</td><td>1</td><td colspan="3"></td><td></td><td></td></tr>
<tr><td></td><td>总</td><td>尖</td><td>峰</td><td>平</td><td>谷</td></tr>
<tr><td>上月示值</td><td></td><td></td><td></td><td></td><td></td></tr>
<tr><td>当前示值</td><td></td><td></td><td></td><td></td><td></td></tr>
<tr><td rowspan="3">计量装置
（居民用户）</td><td>2</td><td colspan="3"></td><td></td><td></td></tr>
<tr><td colspan="3">上月总示值</td><td colspan="3">当前总示值</td></tr>
<tr><td colspan="3"></td><td colspan="3"></td></tr>
<tr><td>计算与说明</td><td colspan="6">表位1总电量：
表位1尖电量：
表位1峰电量：
表位1平电量：
表位1谷电量：
表位2总电量：</td></tr>
</table>

参考文献

[1]国家电网公司. 国家电网公司电力安全工作规程(配电部分)[M]. 北京:中国电力出版社,2014.

[2]国网山东省电力公司,国网技术学院. 农网配电营业工标.准化考评作业指导书[M]. 北京:中国电力出版社,2014.

[3]电力行业职业技能鉴定指导中心. 农网配电营业工[M]. 北京:中国电力出版社,2007.

[4]国家电网公司人力资源部. 国家电网公司生产技能人员职业能力培训专用教材(农网配电)[M]. 北京:中国电力出版社,2010.

[5]国家电网公司. 农村低压电气安全工作规程[M]. 北京:中国电力出版社, 2012.

[6]国家电网公司. 安全工器具管理规定[M]. 北京:中国电力出版社, 2005.

[7]国家电网公司. 电力安全工器具预防性试验规程(试行)[M]. 北京:中国电力出版社,2004.

[8] 电力工业部安全监察及生产协调司. 架空绝缘配电线路设计技术规程: DL/T 601—1996[S]. https://wenku. so. com/d/5753e928c22ea011ae4ced4f928cea0c.

[9]国家能源部. 电气装置安装工程 35kV 及以下架空电力线路施工验收规范: GB 50173—1992[S]. https://wenku. so. com/d/cc053646992381e2749fca8ad8f60c8f.

[10]电力行业职业技能鉴定指导中心. 配电线路[M]. 北京:中国电力出版社,2008.

[11]电力行业农村电气化标准化技术委员会. 农村低压电力技术规程：DL /T 499—2001.

[12]国网公司人力资源部组. 配电线路检修[M]. 北京:中国电力出版社，2011.

[13]电力行业电测量标准化技术委员会. 电能计量装置安装接线规则：DI /T 825—2002[S].

[14]中国电力企业联合会. 电能计量装置技术管理规程:DL/T 448—2016[S].

[15]国家电网有限公司. 国家电网公司计量现场施工质量工艺规范[M]. https://wenku. so. com/d/5b7d0963031ac8eb1a3fc12d2128d797.

[16]国家电网有限公司. 电能计量装置通用设计规范：Q/GDW 347—2009[S].

[17]中国电力企业联合会. 电能计量装置检验规程：SD 109—1983[S].

[18]全国电磁计量技术委员会. 电子式交流电能表检定规程：JJG 596—2012[S].

[19]山东电力集团公司农电工作部. 农村供电所人员岗位技能培训教材(上下册)[M]. 北京:中国电力出版社,2007.

[20]罗毅,张艳华. 抄表核算收费员[M]. 北京:中国水利水电出版社,2010.

[21]国家电网公司电费抄核收管理规则. https://wenku. so. com/d/64902569cb545025cd29ca68b6f3afa6.

[22]国网公司人力资源部组. 配电线路检修[M]. 北京:中国电力出版社,2011.

[23]国网山东省电力公司，国网技术学院. 农网配电营业工标准化考评作业指导书[M]. 北京:中国电力出版社,2014.